KB252201

우리
학교숲으로
가요

여름·가을 편

초판 1쇄 인쇄 / 2011년 1월 5일
초판 1쇄 발행 / 2011년 1월 11일

지은이 / '생명의숲' 학교숲 교재개발팀
　　　　이선경·하시연·정수정·오창길·정대수
펴낸이 / 한혜경
편집 책임 / 조은영
디자인 / 김경원
일러스트레이션 / 송란희
펴낸곳 / 도서출판 異彩(이채)
주소 / 135-100 서울특별시 강남구 청담동 68-19 리버뷰 오피스텔 1110호
출판등록 / 1997년 5월 12일 제 16-1465호
전화 / 02)511-1891, 512-1891
팩스 / 02)511-1244
e-mail / yiche7@dreamwiz.com
ⓒ (사)생명의숲, 2011

ISBN 978-89-88621-86-8 03400
　　　978-89-88621-84-4 (세트)

이 도서의 국립중앙도서관 출판시도서목록(CIP)은 e-CIP 홈페이지(http://www.nl.go.kr/ecip)에서 이용하실 수 있습니다.(CIP제어번호:CIP2010004628)

우리 학교숲으로 가요

'생명의숲' 학교숲 교재개발팀

이선경·하시연·정수정·오창길·정대수

이채

　　환경교육론 강의나 연수에서 종종 '자연에 대한 첫 만남'이라고 하는 활동을 하게 되는데, 이 활동에서 참가자들은 투명한 용지에 색이 있는 펜으로 각자가 자연을 만난 첫 경험을 그려 OHP로 보여 줄 수 있도록 만들어 보게 된다. 이를 통해 학생들이나 교사들이 쑥스러워하며 보여 주는 그림 속에는 자연과 아이들이 다양한 형태로 들어 있다. 자갈밭과 다슬기와 돌이 있는 하천에서 수영하는 아이들, 외할머니 댁이 있는 바닷가에서 친척들과 보내는 아이들, 시골집 뜰에 아무렇게나 피어 있던 감나무, 대추나무, 앵두나무, 고추, 상추……, 논에서 우렁이를 잡으면서 친구들과 즐거워하는 아이들, 나무 위에 올라가 나무를 타고 노는 아이들, 무덤가에서 병정놀이하는 아이들, 논에서 일하시는 아버지께 막걸리를 가져다 드리면서 한 모금씩 마신 탓에 흔들거리던 논두렁, 산에서 뱀을 만나서 놀라는 아이들……. 이와 같이 어른인 우리 세대들의 유년 시절에는 이런저런 형태의 자연이 들어 있는데 이는 나무와 풀이 있고, 오염되지 않은 하천이 있고, 그 속에서 여러 가지 놀이를 하면서 놀 수 있었기 때문이다. 그렇다면 아파트가 밀집한 도시에서 사는 아이들의 유년에 대한 기억에는 무엇이 들어 있을까?

　　장소에 대한 감각의 중요성을 논하는 글을 쓴 윌슨(Wilson, 1997)은 "같은 문화권 내라고 할지라도 서로 다른 지역에서 자란 사람은 다른 문화권에 있는 사람들의 경우보다도 더 다른 태도와 가치, 행동을 발달시킨다"고 하였다. 물리적인 거리나 문화보다는 주변의 환경이 더 중요하다는 것이다. 즉, 도시에서 자란 어린이들은 시골에서 자란 어린이들과 여러 가지로 다르고, 이러한 차이는 종종 아이들의 경험을 통해 발달되는 기능은 물론 아이들이 좋아하거나 싫어하는 것, 두려워하는 것에 반영되어 다르게 나타나게 된다. 따라서 "우리가 환경의 모습을 만들어 나가는 것처럼, 반대로 환경이 우리의 모습을 만들어 나간다"고 해도 과언이 아니다.

환경교육의 기본은 나와 전혀 관계없는, 추상적인 개념으로서의 '환경'에 대한 이해를 강조하는 것이 아니라, 내가 사는 환경에 대한 탐색과 이의 진가를 이해하는 능력을 키울 수 있도록 도와주는 일이라고 할 수 있다. 그렇다면 '무엇이 특정한 환경을 개인적으로 의미 있게 만들 수 있는가?' 다시 말해 추상적인 환경을 자기화(personalize)할 수 있는가? 환경교육자들은 어린 시절 야외에서 자연과 함께한 경험이 환경에 대한 개인적인 관심을 발달시키는 데 가장 중요한 한 가지 요소가 된다고 주장한다. 이와 같은 경험이 없으면 아이들은 자연 세계를 불편한 것으로 간주하고, 이를 돌보는 방식을 결코 습득할 수 없다는 것이다.

이런 맥락에서 학교에 숲을 만들고 학생들이 학습할 수 있는 좋은 환경을 만들어 주는 것은 그 의미가 크다고 할 수 있다. 실제로 대부분의 어린아이들이 최초로 자세하게 알게 된 공적인 장소는 유치원이나 초등학교일 것이고, 이때 이후로의 학교 경험은 그들의 삶에 있어 지배적인 힘으로 작용하게 된다. 왜냐하면, 일반적인 학생들이 고등학교를 졸업하기까지 대략 20,000시간 정도를 학교에서 보내기 때문이다. 이들이 제공받는 환경의 질과 본성은 학생들이 무엇을, 어떻게 배우는가에 관련된 주된 요소가 되고 이는 특히 아동기의 경우에 더 영향을 미치게 되므로, 학교에서 제공되는 환경과 그 속에서 이루어지는 학습에 관심을 기울이는 것은 중요하다고 하겠다.

이 책은 학교숲에 단순히 나무를 심고 숲을 만들어 좋은 환경을 만들어 주는 것에서 벗어나 학교숲을 교육과 접목하고자 할 때 활용할 수 있는 여러 가지 활동을 계절별로 정리한 내용이다. 겨울, 봄을 한 권으로 여름, 가을을 다른 한 권으로 묶었는데, 겨울을 그 시작으로 한 이유는 겉으로 보기에 생명 활동을 멈추고 있는 것처럼 보이는 겨울에도 학교숲에서는 생물들이 생명 활동을 유지하고 있으며, 겨울이 학교숲을 꿈꾸는 활동을 시작할 수 있는 좋은 계절이라는 것 등을 강조하기 위함이다. 또한 봄, 여름, 가을이 진행될수록 학교숲이 풍부해지고 따라서 할 수 있는 활동들도 다양해지게 된다. 각 계절별 활동들은 여건에 따라 다른 계절에도 충분히 활용할 수 있는 내용들이므로 계절의 특성을 고려하되 계절에 너무 얽매이지 않으면 좋겠다.

2005년 시작된 이 교재 집필은 교육 과정 내 학교숲 관련 내용 분석, 교사 등 전문가 의견 수렴, 프로그램 개발, 검토 및 수정 보완 등의 과정을 통하여 완성되었다. 이 책이 만들어지기까지 저자들은 연구팀으로서 5년 동안 환경 교육과 학교숲 활동과 관련된 여러 가지 활동 자료집을 읽고 공부하고 프로그램을 개발하는 과정에서 끊임없이 아이디어를 만들고, 의견을 교환하고 수정, 검토 작업에 참여하였다. 그럼에도 불구하고 적절하지 않은 내용이나 틀린 것이 있다면 전적으로 저자들의 책임이다. 또한 저자의 건강 등 여러 사정으로 인하여 예정보다 책을 너무 늦게 발간한 것을 유감으로 생각한다. 그러나 이제라도 발간된 이 책이 학교숲을 '학습을 위한 장'으로 이용하고자 할 때 충분히 활용될 수 있기를 기대한다.

이 책의 출간을 지원해 준 유한킴벌리, (사)생명의숲 학교숲위원회의 김인호 위원장님과 여러 위원님들, 학교숲 지원팀 활동가들에게 깊은 감사를 드린다. 또한 부족한 원고를 다듬어 근사한 책을 만들어 준 도서출판 이채의 한혜경 대표께도 감사를 표한다. 무엇보다도 마지막까지 고생한 연구진들에게 깊은 감사를 드린다.

2010년 11월 말

대표 저자 이선경

목차

가을

아이콘 설명

 초등 저학년, 고학년, 전학년 등 활동 대상에 대한 안내입니다.

 1차시, 2차시, 3~4차시 등 활동 시간에 대한 안내입니다.

 교실, 과학실, 학교숲, 운동장 등 활동 장소에 대한 안내입니다.

 겨울, 봄, 여름, 가을 등 활동 가능한 계절을 표시합니다.

여름

여름의 숲은 온통 푸르름 천지이다. 봄에 피었던 꽃들은 지고, 나무는 온통 진초록 잎을 달고 있게 된다. 여름은 숲이 성장하는 시기라고 할 수 있으며, 나무는 물론 다른 생물들도 빠른 생장을 보이게 된다. 이는 여름이 다른 계절보다 일조량도 많고, 비도 많이 내려서 식물들이 살아가는 데 필요한 빛과 물이 많아지고 따라서 영양분을 많이 만들 수 있게 되며, 이것이 다른 생물들의 성장에도 영향을 미치기 때문이다. 여름에는 학교숲을 구성하는 식물들과 동물들의 종류와 수도 많아지게 되며, 따라서 다양한 프로그램을 통하여 학교숲과 학교숲의 구성원들의 모습을 탐색할 수 있다.

여름에 학교숲과 관련하여 다룰 수 있는 주제는 물, 더위, 성장, 학교숲의 다른 구성원, 여러 가지 놀이 등이다. 먼저 **날씨를 알려드리겠습니다**, **비오는 날**, **빗물은 어디로 갈까?**, **바람을 막아 주는 숲** 등의 활동을 통해서 장마 등 여름 날씨와 관련된 내용을 탐색하고, **학교숲에서 도형 찾기**, **학교숲에서 수와 규칙 찾기** 등의 활동을 통해서 학교숲에 포함된 다양성을 경험하게 된다. 또한 **이산화탄소는 어디로**, **나무, 생물들의 호텔** 등의 활동을 통해 학교숲이 담당하는 다양한 기능을 탐색하고, **학교숲 먹이그물 게임**을 통해 학교숲 생물들의 먹이 관계를 알아본 후 **숲으로 물들이다**, **숲 속의 비밀 찾아내기**, **숲 속 아지트로의 초대** 등의 활동을 통해 학교숲의 장소감을 형성하며, **학교 ooo 지도 그리기**, **학교숲 교환상자** 등의 활동을 통해 학교숲을 보다 심층적으로 이해할 수 있도록 한다.

여름에는 숲에서 많은 활동을 할 수 있지만, 무더운 날에는 야외 활동 시에 주의가 필요하다. 따라서 야외 활동 시간과 실내 활동 시간을 적절히 조절할 필요가 있다.

여름

날씨를 알려 드리겠습니다

🌱 초등 고학년   🕐 2차시   🏫 교실, 학교숲, 운동장   ☺ 봄, 여름, 가을, 겨울

이런 활동이에요

일기 예보는 앞으로 다가올 날씨를 예측하여 사람들에게 알려주는 것이다. 날씨를 예측하는 방법은 온도, 습도, 바람의 방향과 같은 기상 관측 데이터를 이용하는 방법이 있고, 또 다른 방법은 사람들의 경험적인 방법을 이용하는 것이다. 이 활동에서는 관측적인 방법과 경험적인 방법을 이용하여 일기 예보를 구성하고 발표한다.

- **관련 교과** : 과학
- **교수·학습 방법** : 관찰, 조사, 창작법
- **주제** : 학교숲과 주변 환경
- **활동 목표** : 지식, 인식, 기능

활동 목표

- 여러 가지 날씨의 특성에 대해 배운다.
- 날씨를 예측하는 다양한 방법에 대해서 배운다.

이런 것이 필요해요

비옷

우산

작은 수첩

연필

일기 예보판

*일기 예보를 진행하기 위한 다양한 도구—모둠별로 준비하기

1. 일기 예보란 무엇인가요?

① 교사는 미리 준비해 둔 일기 예보를 학생들에게 보여준다.

　　가. 열린기상청(http://www.kma.go.kr/) 사이트 이용

　　나. 뉴스에 나오는 일기 예보 등 활용

② 일기 예보에 포함된 것이 어떤 항목들인지 학생들과 찾아가면서 칠판에 하나하나
씩 적어 보도록 한다.

> ※뉴스의 일기 예보 순서
>
> 　내일 날씨의 특징(비가 많이 내린다, 태풍이 분다)
>
> 　내일 날씨(지도를 펼쳐 놓고 맑다, 흐리다)
>
> 　기온(최저, 최고 기온), 해양 날씨, 일주일 날씨

③ 일기 예보가 만들어지는 과정을 설명해 준다(참고 자료).

2. 일기 예보 없이 날씨를 예측해 봅시다

① 구름, 바람 냄새, 습도, 동식물의 움직임으로 날씨를 예측할 수 있음을 알려준다.

② 일상생활에서 발견되는 현상 중에 날씨를 예측할 수 있는 것은 무엇인지 생각하고 발표하게 한다.

③ 학생들이 잘 알지 못하면 활동 자료의 속담 등을 이용한다.

　　가. 학생들에게 날씨와 관련한 속담을 한 가지씩 알려주고 그 뜻을 자유롭게 생각하게 한다.

　　나. 학생들이 추측한 이야기를 듣고 난 후에 교사는 근거를 들어 왜 그런 현상이 나타나는지 설명해 준다.

3. 일기 예보를 하겠습니다

① 한 모둠을 5~7명 정도로 나눈다.

② 학교에서 밖으로 나가서 활동 2에서 했던 내용을 바탕으로 학교 근처의 환경을 관찰하고 날씨를 예측할 수 있는 것들이 있는지 찾아보고 메모해 둔다.

③ 과제로 뉴스나 인터넷에 있는 기상예보를 찾아 학교에서 관찰한 것과 유사한지 찾아보게 한다.

④ 모둠은 모여서 앞의 ②, ③을 바탕으로 자신들의 개성이 담긴 독특한 일기 예보를 구성하게 한다.

⑤ 일기 예보의 방식은 뉴스와 같이 전형적인 방식이 아닌 날씨의 예보와 함께 날씨에 맞는 패션쇼를 하거나, 또는 날씨에 따라서 달라지는 동물들의 행동을 연극으로 꾸밀 수도 있다.

⑥ 일기 예보 구성이 끝나면 모둠별로 각각의 일기 예보를 발표하도록 한다.

⑦ 발표를 듣는 나머지 학생들은 예보된 날씨가 어떤 날씨인지 이야기해 본다.

활동 도우미

① 영화 '오버 더 레인보우(Over The Rainbow)'에서는 주인공 기상캐스터가 우산을 쓰거나 우비를 입고 일기 예보를 하는 등 기존의 형식이 아닌 여러 가지 다른 형식으로 일기 예보를 시도하는 장면이 나오는데, 영화 중 일기 예보 관련된 장면만을 추려서 활동의 참고 자료로 학생들에게 보여줄 수도 있다.

② 참고 자료에 제시된 것 이외에도 실제로 날씨를 예측하게 할 수 있는 현상들을 찾아보게 한다.

교육 과정과의 연계성
과학 3학년 1학기 5. 날씨와 우리 생활/6학년 1학기 2. 지진
사회 4학년 1학기 1. 시·도의 모습/5학년 1학기 1. 우리 나라의 자연 환경과 생활

개미가 줄을 지어서 지나가면 비가 온다

여름날 강한 일사가 있을 때 개미는 활동을 하지 않고 다소 구름 낀 날일 때 땅 위에 나오는 경우가 많기 때문에 이런 속담이 생겼다. 그렇지만 개미의 행렬이 닷새 후의 비를 암시한다는 말은 근거가 없다.

연못, 늪, 하천에 거품이 많이 일면 머지않아 비가 온다

이것은 저기압이 가까워지면 남풍 계열의 바람이 불어 따뜻하게 되어서 못, 호수 등에 가라앉아 있는 유기물이 발효하여 가스를 방출하기 때문이다.

달무리가 지면 비가 온다

달무리는 8km 정도의 높이에 권층운이 나타날 때 생기는 것으로서, 구름 속에 가늘고 무수한 빙정(氷晶, 작은 얼음 결정) 때문에 달빛이 굴절되어 생긴다. 그런데 권층운이 거의 하늘 전체를 덮게 되면 온난 전선이 가까워짐을 뜻하므로 차츰 구름의 높이가 낮은 중층운, 하층운이 밀려와서 비가 오게 된다.

화장실의 냄새가 지독하면 비가 온다

그 이유로는 첫째, 저기압이 접근하게 되면 암모니아나 그 외 휘발성 물질의 휘발량이 증대하게 된다. 둘째, 비가 오거나 구름이 있으면 일사량이 줄어들어 상승 기류가 억제된다. 따라서 냄새는 지면 근처에 퍼져 있게 된다.

연기가 실외로 나가지 않으면 비가 온다

방 안에 연기가 자욱하게 되는 것은 방에 자연 환기가 잘 되지 않아서이다. 방의 자연 환기는 실내외의 온도차에 의존하는 것으로서 연기가 잘 빠지지 않는다고 하는 것은 저기압의 접근으로 인한 기온 상승으로 실내외의 온도차가 줄어들기 때문이다.

아기가 칭얼대면 비가 온다

어린 아기들이 보통 때보다 투정을 많이 부리면 비가 오겠다고들 한다. 인체는 수증기의 막으로 둘러 처져 있어 교감 신경계통에 기상이 영향을 미칠 수 있다. 저기압이 접근하면 습도가 높아지고 기온이 상승하며 기압은 하강하게 되어 피부의 혈관이 확장하게 된다. 그래서 피가 모이게 되며 피부에서의 수분 증발이 억제되니 기분이 나빠지고 잘 다투게 되고 어린 아기들은 투정을 부리게 된다.

☀ 아침에 차 맛이 좋으면 날씨가 맑다

날씨가 좋은 날이면 대부분 아침 기온이 낮다. 겨울이 아닌 계절에 아침 기온이 다소 낮으면 누구나 상쾌한 기분을 느끼며 이때 따뜻한 차 한 잔을 마시면 기분이 좋아지는 것은 당연할 수 있다. 이것은 비단 차에만 국한되지 않고 음식물의 맛이 좋아도 마찬가지이다. 따라서 일의 능률도 오르고 운동이 하고 싶어지며 외출도 즐겁다. 이렇게 아주 좋은 기분을 느꼈을 때 날씨는 2~3일 연속 좋다.

☀ 아침에 거미줄에 이슬이 맺히면 그 날은 맑다

거미는 낮보다 저녁 때 특히 습도가 약간 높을 때 거미줄을 치는 경향이 있다. 습도가 다소 높고 날씨가 좋은 날은 야간 복사로 인한 이슬이 맺히기 쉽다. 거미줄에 물방울이 생기는 것과 날씨와의 관계를 보면 맑은 날 56%, 구름 낀 날 28%, 비 오는 날 16%로서 거미줄에 이슬이 생기는 날이 맑을 확률이 높다. 그러나 아침에 거미줄을 치면 날씨가 좋다는 말이 언제나 맞는 것은 아니다.

☀ 참새가 아침 일찍 지저귀면 날씨가 좋다

도시에서 아침에 참새가 지저귀는 소리를 듣기는 어렵지만 참새가 많이 날아드는 곳이라면 그럴 듯한 속담이다. 참새가 일찍부터 일어나서 지저귀면, 이는 날씨가 좋아서 아침부터 활동을 개시하기 쉽거나 활동하고 있다는 증거가 된다.

☀ 밥알이 식기에 붙으면 맑고, 떨어지면 비가 온다

맑은 날은 공기 중의 습기가 적어 밥알이 금방 말라 식기에 잘 붙을 것이고 비가 올 것 같은 습한 날은 공기 중의 수분이 많아 밥알이 잘 붙지 않는다.

☀ 저녁노을은 다음날 맑음을 뜻한다

노을은 햇빛이 공기 중을 길게 통과할 때(해가 뜨거나 질 때) 빛의 파장이 긴 붉은 빛만 멀리까지 와서 붉게 보여 생기는 것이다. 그런데 습한 공기가 있다면 붉은 파장마저 산란되어버려 노을이 생기지 않는다. 즉, 저녁노을은 해가 지는 쪽(서쪽)의 공기가 맑다는 것을 뜻하며 내일 그 맑은 날씨가 올 것임을 뜻한다.

☀ 벌은 절대 비를 맞지 않는다

비 오는 날 벌이 날아다니는 것을 본 적이 없을 것이다. 벌은 공기 중의 습도에 매우 민감해서 습도가 상승하고 비가 곧 올 것 같으면 집으로 돌아간다.

1. 기상 실황 파악

기상 관측(위성 사진)

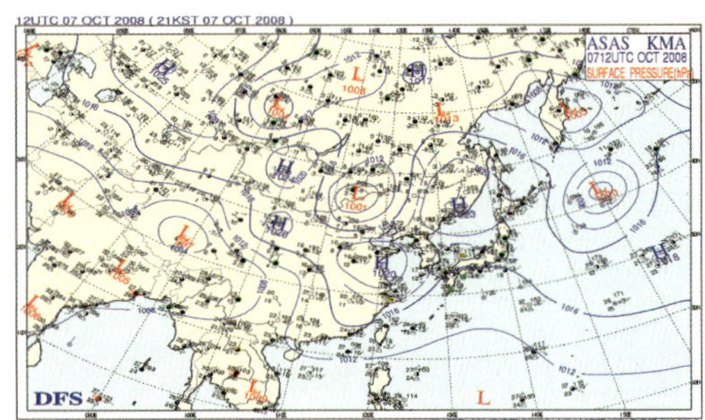

기상일기도

2. 자료 처리

컴퓨터를 이용하여 국내외 기상 자료를 수집하여 일기도와 예보 자료 작성

3. 분석

수치 예보 모델을 위해 슈퍼컴퓨터 사용

4. 예보

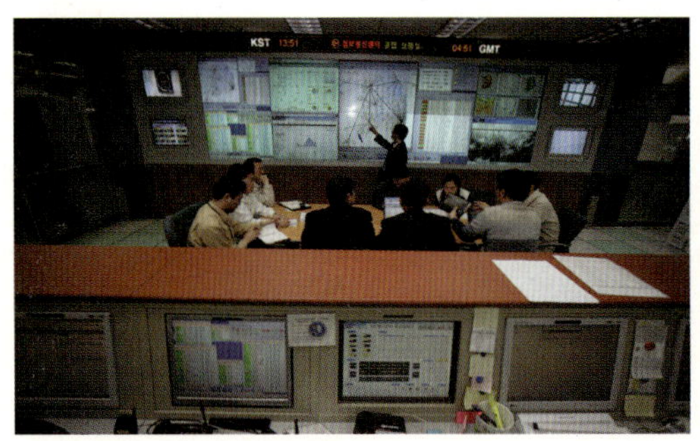

예보관들이 각종 예보 분석 자료 검토

5. 통보

언론기관, 방재기관

이 참고 자료의 사진은 기상청에서 제공함.

비 오는 날

🌱 초등 저학년 ⏰ 2차시 🏫 활동 1, 2: 교실 / 활동 3: 운동장 ☺ 여름

이런 활동이에요

비 오는 날 빗소리 듣기, 전통적으로 불려 오던 비 이름 맞추기, 빗방울이 떨어지는 흔적 보기 등을 통해서 비가 오는 것을 다양한 방식으로 경험하고 느끼게 하는 활동이다. 비에 대해 감각을 민감하게 함으로써 환경에 대한 감수성을 증진시킬 수 있다.

- **관련 교과** : 음악, 미술, 국어
- **교수·학습 방법** : 관찰, 창작법
- **주제** : 학교숲과 주변 환경
- **활동 목표** : 지식, 인식

활동 목표

- 비가 오는 양, 시기에 따라 빗소리가 다르다는 것을 안다.
- 비가 오는 양, 시기에 따라 비가 내리는 형태가 다르다는 것을 안다.
- 우리나라에 여러 가지 비의 이름이 있음을 안다.

이런 것이 필요해요

녹음된 빗소리

활동지

비 이름 카드

물감으로 칠한 도화지

기상 상태를 기록할 종이

1. 소리로 듣는 비

① 비가 내리는 다양한 소리(http://www.rainnara.com/ 참조)를 들려준다.

② 소리를 먼저 들려주고 어느 계절에 내리는 비인지 또는 어떤 빗소리(예_소낙비, 천둥을 동반한 비)인지 맞춰 보게 한다.

③ 각각의 빗소리가 어떤 느낌을 주는지 생각해 보고 머릿속에 그려지는 비의 형상을 그림으로 나타내어 본다.

2. 눈으로 보는 비

① 바람과 마찬가지로 우리나라에는 비에 대한 다양한 용어가 있다(참고 자료).

② 비의 이름이 적힌 카드를 칠판에 붙이고, 무엇에 따라 비의 이름이 붙여진 것인지 알아맞혀 보도록 한다.

③ 각각의 비 이름이 어떤 특징을 가지고 있는지 알려준다.

④ 칠판에 붙여진 비 이름 중 학생들이 알고 있는 것이 무엇인지 물어보고 어떤 비인지 이야기하도록 한다.

⑤ 학생들이 대답을 못하는 나머지 것들은 교사가 설명해 준다.

3. 떨어지는 빗물의 모양

① 교사는 미리 도화지 크기에 물감을 칠한 종이를 말려서 준비해 둔다.

② 비 오는 날 운동장에 나가서 색깔이 있는 도화지에 떨어지는 빗물을 받는다.

③ 도화지에 생긴 빗물 자국의 모습을 살펴보고, 그날의 기상 상태를 기록해 둔다.

> 가. 얼마나 많은 양의 비가 내렸는가?
>
> 나. 빗줄기의 굵기는 어떠했는가?
>
> 다. 바람은 얼마나 많이 불었는가?

④ 이 활동은 비 오는 날마다 진행하고 기상 상태에 따라서 빗물의 흔적이 어떻게 다르게 나타나는지 비교해 보도록 한다.

활동 도우미

① 활동 1과 활동 2는 반드시 비 오는 날 진행하지 않아도 된다. 하지만 비가 많이 오는 시기에 진행하는 것이 학생들이 일상에서 접하는 비 오는 날의 현상과 본 활동을 연결시키기에 좋다.

② 활동 3은 비 오는 날 진행해야 하므로 사전에 일기 예보를 확인하여 날씨를 알아보고 준비물을 마련해 둔다.

교육 과정과의 연계성
과학 3학년 1학기 5. 온도와 우리 생활/3학년 1학기 8. 흙을 나르는 물
국어(읽기) 2학년 2학기 첫째마당. 자세히 살펴보아요

조금 전 들은 다양한 빗소리를 연상하여, 자신이 생각하는 비의 모습 또는 비 내리는 날의 모습을 그려 보세요.

안개비

는개

이슬비

억수

장대비

작달비

*이 활동 자료는 복사해서 잘라 사용하세요.

봄비

가을비

겨울비

밤비

칠석물

＊이 활동 자료는 복사해서 잘라 사용하세요.

활동 자료 3   비 이름 카드 - 비 내리는 양과 기간에 따라

여우비	소나기
굵은비	큰비
장맛비	

*이 활동 자료는 복사해서 잘라 사용하세요.

단비

약비

찬비

웃비

먼지잼

개부심

*이 활동 자료는 복사해서 잘라 사용하세요.

분류 기준	이름	특징
빗줄기 굵기	안개비	빗줄기가 아주 가는 비
	는개	안개보다 조금 굵고 이슬비보다 조금 가는 비
	이슬비	아주 가늘게 오는 비, 보슬비
	억수	물을 퍼붓듯이 세차게 내리는 비
	장대비	굵은 빗발의 비가 쉴 새 없이 세차게 내리는 비
	작달비	굵직하고 거세게 퍼붓는 비
비 내리는 시기	봄비	말 그대로 봄에 내리는 비
	가을비	가을에 내리는 비
	겨울비	겨울에 내리는 비
	밤비	밤에 내리는 비
	칠석물	칠월 칠석에 내리는 비
비 내리는 양과 기간	여우비	햇빛이 있는 날 잠깐 오다가 그치는 비
	소나기	갑자기 세차게 쏟아지다가 그치는 비
	궂은비	끄느름하게 오래 두고 오는 비
	큰비	내리는 양이 한꺼번에 많이 쏟아지는 비
	장맛비	일정 기간 계속해서 많이 오는 비
비 내린 뒤의 효과	단비	알맞게 오는 비
	약비	오랜 가뭄 끝에 내리는 비
	찬비	내린 뒤에 추위를 느끼게 하는 비
	웃비	비가 계속 올 것으로 생각되지만 실제로는 좍좍 내리다 그치는 비
	먼지잼	겨우 먼지 나지 않을 정도로 조금 오는 비
	개부심	장마에 큰물이 난 뒤 한동안 쉬었다가 한바탕 내리는 비

빗물은 어디로 갈까?

🌱 초등 고학년　⏰ 3차시　🏫 교실, 학교숲　☺ 여름

이런 활동이에요

이 활동은 학교숲 지역과 숲이 없는 지역에서 빗물이 어떻게 흘러가는지를 비교해 봄으로써 숲이 가지고 있는 수원 함양의 기능과 홍수 방지 기능 등에 대해 알아보는 활동이다.

- **관련 교과** : 과학, 지리
- **교수·학습 방법** : 창작법(그리기), 관찰, 조사, 토론
- **주제** : 학교숲과 주변 환경
- **활동 목표** : 지식, 인식, 기능

활동 목표

- 빗물이 흘러가는 과정을 안다.
- 빗물이 떨어지는 위치에 따라 흘러가는 과정이 어떻게 달라지는지 안다.
- 숲과 토양의 수원 함양 기능에 대해서 알 수 있다.
- 빗물 재활용의 중요성을 알 수 있다.

이런 것이 필요해요

     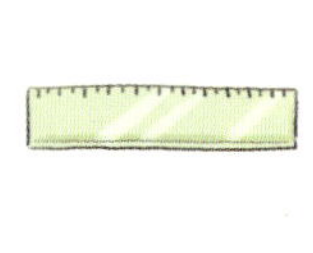 

| 비옷 | 우산 | 작은 수첩 | 연필 | 1.5L짜리 페트병 2개 | 자 | 활동지 |

1. 빗물은 어디로 갈까요?

① 학생들을 6~7명 정도의 모둠으로 나눈다.

② 각 모둠은 함께 다니면서 비가 내릴 때 빗물이 어디에 떨어져 무엇을 타고 흐르는지 또는 어디로 흘러내려 가는지를 관찰한다.

③ 다음에서 제시하는 각각의 장소에서 빗물이 어떻게 흘러내리는지를 확인하고 수첩에 기록하도록 한다.

    가. 학교 숲 안

    나. 운동장

    다. 건물 옥상

    라. 보도블록

    마. 화단

④ 각각의 장소에서 빗물이 흘러가는 길을 기록하게 한다.

⑤ 30분 정도 교실 밖에서 관찰하고 교실로 돌아온 후에 각각의 장소에서 빗물이 어떻게 흘러가는지 관찰한 내용을 발표한다. 이때, 종이에 빗물이 흘러가는 길을 그리도록 한다.

⑥ 숲이나 화단에 떨어진 빗물과 옥상이나 보도블록, 운동장에서 흐르는 빗물이 어디로 가는지 이들의 차이점에 대해서 이야기해 보도록 한다.

가. 숲과 숲이 아닌 지역에 빗물이 땅으로 떨어지는 속도는 어떻게 다른가?

나. 숲과 숲이 아닌 지역에 흐르는 빗물의 양은 어떻게 다른가?

다. 숲과 숲이 아닌 지역에 흐르는 빗물의 속도는 어떻게 다른가?

라. 숲과 숲이 아닌 지역에 빗물이 흘러가는 방향은 어떻게 다른가?

2. 내린 빗물의 양이 달라요

① 1.5L짜리 투명한 페트병 2개를 준비한다.

② 학교숲 내에 나무가 우거진 곳과 운동장 또는 보도블록에 페트병을 동시에 놓아

두고 일정 시간 동안 빗물을 받는다.

③ 받은 빗물을 교실에 들고 와서 자를 이용하여 높이를 측정하고 장소에 따라 빗물의 양이 어떻게 다른지 비교해 보도록 한다.

④ 장소에 따라 빗물의 양이 다르다면 그 이유를 생각해 보게 한다.

3. 빗물을 재활용할 수 있나요?

① 보도블록이나 길 위로 떨어진 물은 대부분 하수구로 흘러들어 간다. 이러한 빗물을 재활용하는 방법에는 무엇이 있는지 각 모둠 내에서 토의해 본다. 특히 학교나 집에서 할 수 있는 것은 어떤 것이 있는지 찾아보게 한다.

② 우수관이나 보도블록으로 흐르는 물을 어떻게 숲으로 보낼 수 있는지 토의해 본다.

기대 효과

숲과 물의 관계, 숲의 녹색댐 기능, 숲의 수원조절 기능 등에 대해 생각해 볼 수 있다.

활동 도우미

① 비 오는 날 가능한 활동이므로 교사는 사전에 일기 예보를 확인해 둔다.

② 진행 시에 분위기가 산만할 수 있으므로 사전에 준비를 철저히 해 두도록 한다.

③ 활동은 밖에서 하고 나머지 발표나 토의 과정은 실내에서 진행하는 것이 좋다.

교육 과정과의 연계성
과학 3학년 1학기 8. 흙을 나르는 물/5학년 1학기 8. 물의 여행

❋ 빗물이 흘러가는 길을 따라가면서 그려 보세요

빗물을 받은 장소 :	빗물을 받은 장소 :
빗물의 양 :　　　　cm	빗물의 양 :　　　　cm

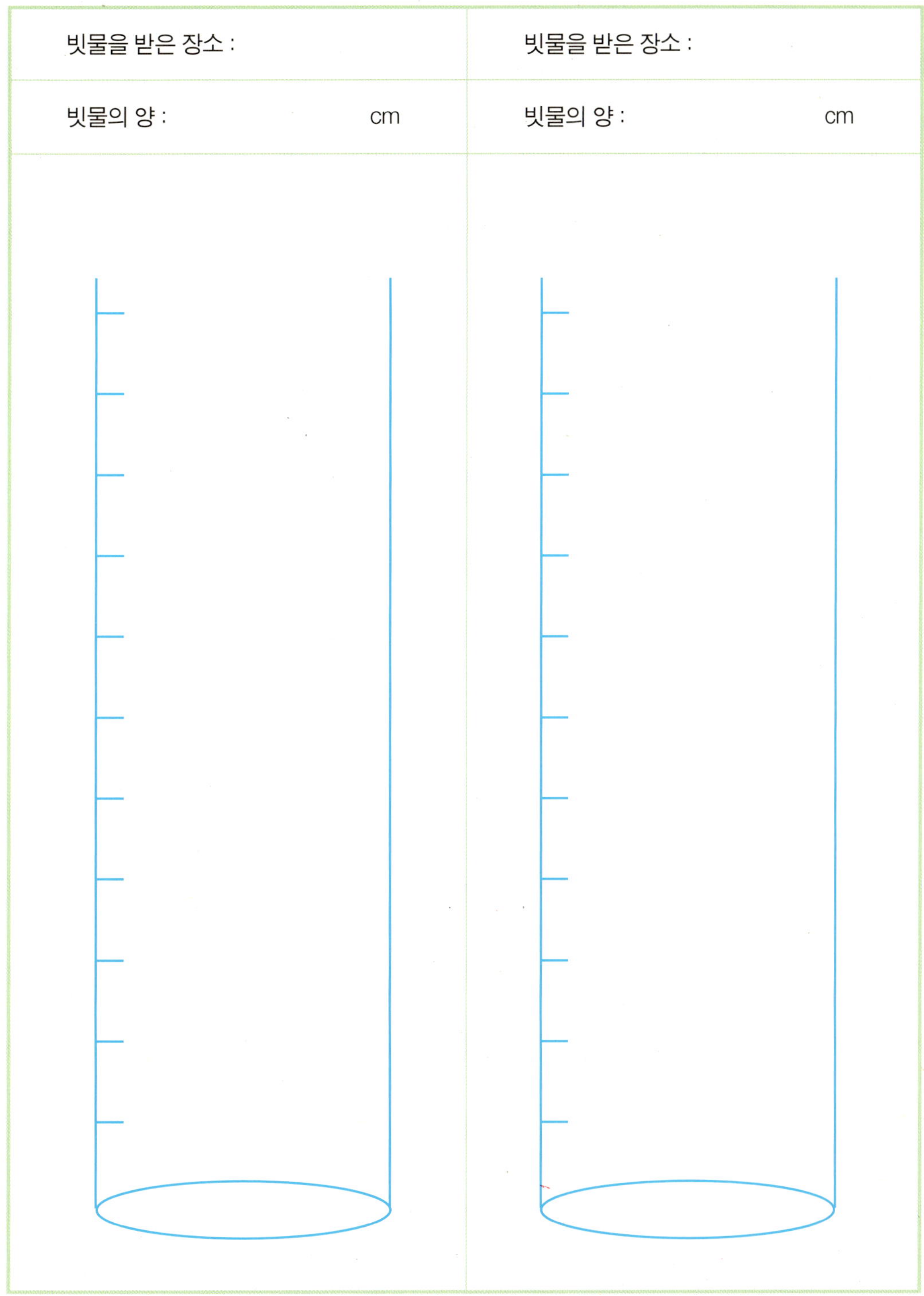

녹색댐이란?

녹색댐이란 산림이 빗물을 머금었다가 서서히 흘려보내는 인공댐과 같은 기능을 한다고 하여 붙여진 이름으로, 산림 자체를 가리키는 말이다. '녹색댐 기능'이란 산림의 수원 함양 기능을 의미하며, 이러한 산림의 수원 함양 기능은 넓은 의미로 보아 크게 3가지로 나눌 수 있다. ① 강우 시 홍수 유량을 경감시키는 홍수 조절 기능, ② 비가 오랫동안 오지 않아도 계곡의 물이 마르지 않게 하는 갈수 완화 기능, ③ 수질을 깨끗하게 하는 수질 정화 기능이다.

녹색댐은 물을 얼마나 저장할까?

우리나라의 경우 연간 산림 지역에 내리는 물의 양은 수자원총량 1,267억 톤의 약 65%인 823억 톤에 달하고 산림 지역이 아닌 곳에 내리는 양은 35%인 444억 톤에 불과하다. 이 가운데 수목의 잎이나 가지, 지표면에서 증발산(蒸發散, 증발과 증산. 증산은 식물이 광합성 할 때 체내의 수분을 체외로 발산하는 것)으로 손실되는 양은 수자원총량의 45%인 567억 톤에 달하고, 하천으로 유출되는 양은 55%인 700억 톤에 달한다. 우리나라와 같이 산림면적률이 높은 나라는 산림 생태의 좋고 나쁨에 따라 물을 머금는 양이 달라진다. 현재 우리나라 산림이 머금는 물의 양은 수자원총량의 14%인 약 180억 톤으로 그 양이 아직 낮은 편이다. 산림은 토양 속에 빗물을 머금고 있다. 따라서 나무가 빗물을 뿌리에 저장했다가 가물 때 뿜어낸다고 하는 것

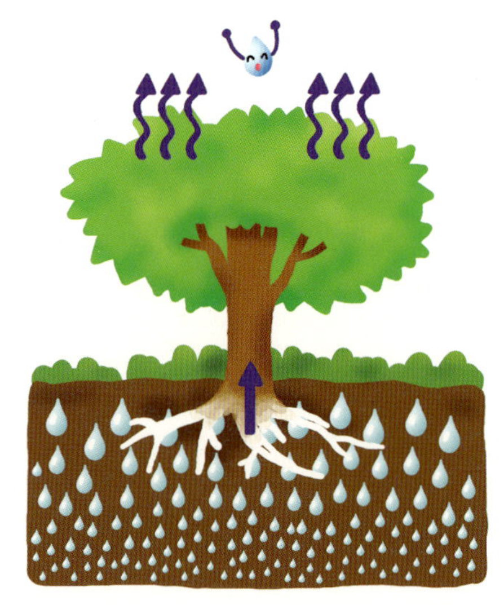

이 참고 자료의 내용은 산림청 홈페이지를 참조함. http://www.forest.go.kr/foahome/user.tdf?a=common.HtmlApp&c=1001&page=/html/kor/study/sense/sense_040_120.html&mc =WWW_ST

은 틀린 말이다. 나무뿌리에 저장된 물은 나무 자신의 생존을 위해 증산작용 시 사용하는 물이다.

숲이 물을 조절하는 능력

산림을 손질하지 않고 방치할 경우에 발생되는 녹색댐 기능 저하의 폐해는 침엽수 인공림에서 뚜렷하게 나타나게 된다. 지나치게 우거진 침엽수 인공림에 간벌·가지치기 등을 하면, 사라졌던 활엽수가 발생하여 다양한 키로 이루어진 산림으로 회복되며, 단단하던 표층 토양의 빗물 침투 구조도 스펀지처럼 부드럽게 개선된다. 또한, 빗물 차단손실량이 38% 줄며, 증산손실량도 20% 이상 줄게 된다. 우량한 활엽수림은 불량한 잡목림보다 홍수기에 1일 28.4톤/ha을 더 머금고, 갈수기에는 1일 2.5톤/ha을 더 흘러 나가게 한다.

산림의 녹색댐 기능면에서 문제가 큰 침엽수 인공림 220만ha를 잘 관리할 경우 수자원을 약 57억 톤 늘릴 수 있는데, 그 양은 우리나라 수자원총량의 4.5%가량 된다. 산림으로부터 유출된 토사는 인공댐의 수명 유지 및 수질 보전에 직접적인 영향을 주게 되는데, 우리나라 산림은 산림 관리가 미흡하여 토사 유출이 증대되고 있는 실정이다.

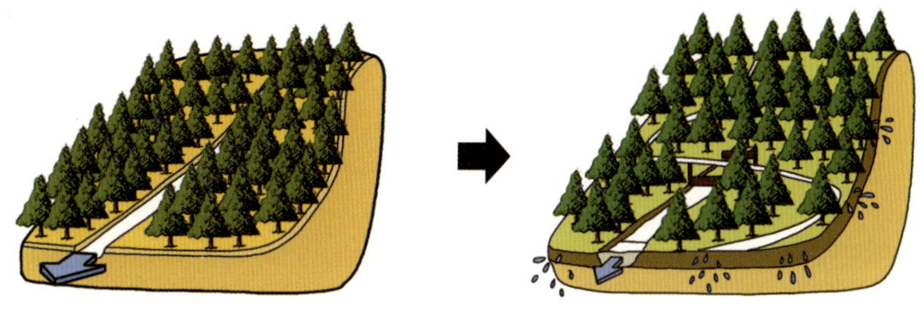

산림의 녹색댐 기능 증진 방안
(출처: 윤영균, 2007, 녹색댐 조성! 또 다른 가치의 발견, 「산림」, 산림청 자원정책본부)

바람을 막아 주는 숲

초등 고학년　2차시　교실, 학교숲, 운동장　여름

이런 활동이에요

이 활동에서는 바람에 대해서 알아보고, 숲 속과 운동장에서 바람을 직접 느껴 본다. 동시에 숲의 안과 밖에서의 바람의 세기 등을 측정하여 숲의 방풍 기능에 대해서 이해해 보도록 한다.

- **관련 교과** : 과학
- **교수·학습 방법** : 관찰, 조사
- **주제** : 학교숲과 주변 환경
- **활동 목표** : 지식, 인식

활동 목표

- 바람의 세기에 관해서 알아본다.
- 바람의 세기가 달라짐에 따라 파도나 연기, 나무가 어떻게 달라지는지 알아본다.
- 숲이 있는 곳과 없는 곳에서 바람의 세기에 따라 느낌이 어떻게 달라지는지 알아본다.

이런 것이 필요해요

바람 명칭 카드

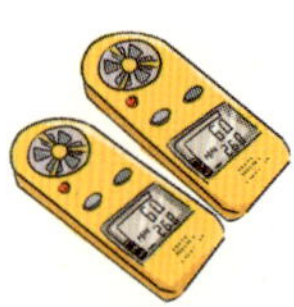

풍속계 2개

활동지

필기구

1. 바람에 대해서 알아보기

① 바람이 부는 것을 어떻게 알 수 있는지 물어본다.

② 바람의 흔적을 함께 찾아보도록 한다.

　　가. 머리카락이 날리거나 손가락 사이로 흐르는 바람을 느낄 수 있다.

　　나. 연기가 똑바로 올라가지 않고 흔들리면서 올라간다.

　　다. 나뭇가지나 나뭇잎이 흔들린다.

　　라. 파도가 높게 일어난다.

③ 바람은 약하게도 불고 세게도 분다는 것을 알려 준다.

④ 바람이 약하게 불 때와 세게 불 때 주변의 사물들에 차이가 있는지 생각해 본다.

⑤ 활동 자료에 있는 '바람 명칭 카드'를 복사하여 선을 따라 잘라 내고 순서 없이 무작위로 늘어놓는다.

⑥ 학생들에게 바람의 세기에 따라 다른 이름이 붙여진다는 것을 알려 준다.

⑦ 바람의 이름만을 보고 세기에 따라 어떤 순서로 이름이 붙여진 것인가를 생각해
　　보고 순서대로 늘어놓게 한다.
⑧ 참고 자료 1을 이용하여 ‘보퍼트의 풍력계급’에 대해서 간단히 설명해 준다. 참고
　　자료에 있는 표를 나누어 주어도 좋고, 인터넷 사용이 가능하다면 ‘입체적으로 보
　　는 바람의 세기와 영향’을 볼 수 있는 사이트에 접속하여 설명할 수도 있다.
⑨ ‘계급에 따른 바람의 이름’ 설명이 끝나면 늘어놓았던 바람 카드의 순서를 수정
　　하여 제대로 맞추도록 한다.

2. 숲에서의 바람과 운동장에서의 바람

① 교실 밖으로 나가서 바람을 느껴 본다.
② 바람이 분다는 것을 어떻게 알 수 있는지 이야기해 본다.
③ 숲이 앞에 있거나 숲 속에 있을 때 또는 숲이 없는 운동장에서 바람이 어떻게 다
　　르게 느껴지는지 알아보고 기록해 보도록 한다.

④ 숲이 앞에 있거나 숲 속에 있을 때의 풍속과 운동장에서의 풍속이 어떻게 다른지 알아보기 위해 풍속계를 이용하여 바람의 속도를 측정한다.

가. 풍속계를 이용하여 바람의 속도를 잴 때는 동시에 재도록 하기 위해서 학생들을 두 모둠으로 나눈다.

나. 미리 시간을 약속하고 한 모둠은 운동장에서, 다른 모둠은 숲 앞쪽에서 풍속을 측정하도록 한다.

다. 풍속은 같은 방식으로 5회 정도 측정한다.

⑤ 측정이 끝나고 난 후에 모여서 숲이 있는 곳과 숲이 없는 운동장의 풍속을 비교해 본다.

⑥ 비교가 끝나고 나면 이런 차이가 왜 나는지 그 이유에 대해서 이야기해 본다. 이 때, 숲의 역할과 기능 가운데 방풍림으로의 기능에 대해서 설명해 주도록 한다.

활동 도우미

① 활동은 바람이 많이 부는 날에 진행하는 것이 좋으므로 미리 일기 예보를 확인하도록 한다.

② 측정한 바람의 세기가 보퍼트 풍력계로는 어느 계급에 속하는지도 알아본다.

교육 과정과의 연계성
과학 3학년 1학기 5. 날씨와 우리 생활/6학년 1학기 2. 지진
국어(말하기·듣기) 3학년 1학기 둘째마당. 마음으로 보아요

		학교숲	운동장
바람 느낌			
1회	시 분		
2회	시 분		
3회	시 분		
4회	시 분		
5회	시 분		

고요	센바람
실바람	큰바람
남실바람	큰센바람
산들바람	노대바람
건들바람	왕바람
흔들바람	싹쓸바람
된바람	

보퍼트 풍력계급은 풍속계가 등장하기 이전에 영국 해군제독이었던 보퍼트가 개발한 것으로 파도, 연기, 나무 등의 바람에 따른 움직임에 따라 바람의 세기를 추정하는 풍속계급이다. 연기가 똑바로 올라가면서 바다에 수면이 잔잔한 상태를 계급의 0으로 설정하고 태풍이 불고, 높은 파도가 치는 풍속을 12로 나누어 총 13계급으로 나누어졌다.

계급	바람 이름	풍속	특징
0	고요	0.0~0.2 m/s	연기가 똑바로 올라가고, 바다에서는 수면이 잔잔하다.
1	실바람	0.3~1.5 m/s	풍향은 연기가 날리는 모양으로 알 수 있으나 바람개비가 돌지 않는다.
2	남실바람	1.6~3.3 m/s	바람이 얼굴에 느껴지고 나뭇잎이 흔들리며, 바람개비가 약하게 돈다.
3	산들바람	3.4~5.4 m/s	나뭇잎과 가는 가지가 쉴 새 없이 흔들리고, 깃발이 가볍게 날린다.
4	건들바람	5.5~7.9m/s	먼지가 일고 종잇조각이 날리며, 작은 나뭇가지가 흔들린다.
5	흔들바람	8.0~10.7 m/s	잎이 무성한 작은 나무 전체가 흔들리고, 바다에서는 잔물결이 일어난다.
6	된바람	10.8~13.8 m/s	큰 나뭇가지와 전선이 흔들리며, 우산을 들고 있기가 힘들다.
7	센바람	13.9~17.1 m/s	큰 나무 전체가 흔들리고, 바람을 거슬러 걷기가 힘들다.
8	큰바람	17.2~20.7 m/s	잔가지가 꺾이고, 걸어갈 수가 없다.
9	큰센바람	20.8~24.4 m/s	굴뚝이 넘어지고, 기와가 벗겨진다.
10	노대바람	24.5~28.4 m/s	건물이 무너지고, 나무가 쓰러진다.
11	왕바람	28.5~32.6 m/s	건물이 크게 부서지고, 차가 넘어지며, 나무가 뿌리째 뽑힌다.
12	싹쓸바람	32.7 m/s 이상	육지에서는 보기 드문 엄청난 피해를 일으키고, 바다에서는 산더미 같은 파도를 일으킨다.

바람은 태양에너지가 열에너지를 거쳐 운동에너지로 바뀐 형태로서, 태양에너지로 지구 표면의 온도가 서로 다르게 데워짐에 따라 생기는 공기의 운동 현상이다. 바람이 식물에 미치는 영향은 다양하게 나타나며, 풍속에 따라 그 정도가 달라진다. 식물의 생리작용에 미치는 영향으로는 증산작용을 촉진시키고, 잎의 온도를 낮추어 주며 이산화탄소의 원활한 공급을 도와준다. 추운 곳에서의 바람은 냉해를 촉진시키기도 한다. 그 외에도 꽃가루와 작은 종자 또는 종모가 달린 종자를 멀리 보내는 역할을 하는데 비산거리가 수백 킬로미터까지도 달한다.
숲에서의 풍속은 나무의 종류, 높이, 밀도, 지형 및 경사 등에 따라 달라지고 숲이 있는 곳의 상태에 따라서도 크게 달라진다.
바람이 심한 지역에서는 나뭇가지가 깃발처럼 주풍(主風) 방향의 반대 방향 쪽으로만 자라는 기형적 생장을 유도하기도 하고 줄기의 연륜생장도 같은 경향을 보인다.

숲의 방풍 작용

숲에서는 풍속이 완화되고 공중습도도 보존되는데 숲의 상태에 따라 그 효과는 크게 다르며 그 관계는 다음 그림과 같다.

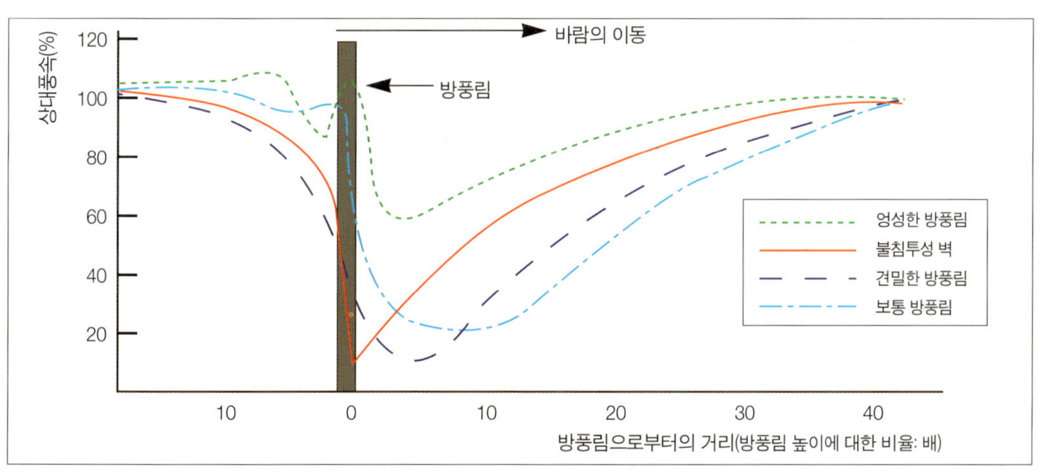

방풍림과 같은 통풍성이 있는 수림대가 통풍성이 없는 수림대보다 방풍효과는 떨어지지만 바람 반대편에서의 동요가 적고 더 먼 거리까지 풍속이 감소된다. 방풍림은 바람에 의한 토양 침식을 방지하여 안정화시키며, 경작지의 증발산량이 감소하고 토양 온도가 상승함으로써 작물의 증수가 가능하며 해안에서는 염분의 농도도 감소시켜 준다.

이 참고 자료는 산림청, 2000, 산림과 임업기술, pp. 95~96에서 인용함.

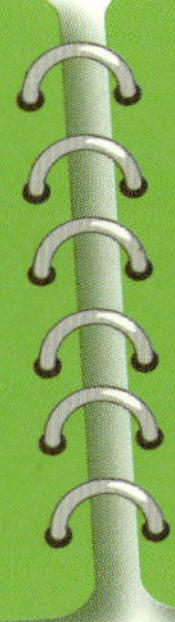

이산화탄소는 어디로

초등 고학년 　2차시 　교실 　여름

교토의정서의 발효에 맞춰 숲과 이산화탄소와의 관련성을 찾아본다. 숲은 이산화탄소를 줄이는 역할을 하면서 실제로 이산화탄소를 저장하기도 한다는 것을 알 수 있다.

- **관련 교과** : 과학, 사회, 수학
- **교수·학습 방법** : 조사, 토론
- **주제** : 학교숲과 주변 환경
- **활동 목표** : 지식, 인식, 기능

- 교토의정서의 내용을 이해한다.
- 숲은 탄소의 저장고라는 것을 이해한다.
- 숲과 탄소의 관계를 이해하고 탄소를 감소시키기 위한 방안을 생각해 본다.

교토의정서 전문
또는 교토의정서를
쉽게 풀어놓은 전문

OHP 필름

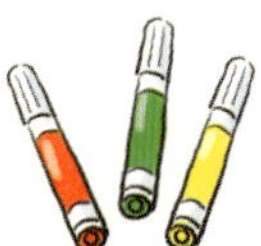

색깔 네임펜

1. 이산화탄소가 증가하고 있대요

① 학생 7명 정도로 구성된 각각의 모둠으로 나눈다.

② 교사가 미리 준비한 교토의정서의 협의 내용을 문서로 나누어 준다.

③ 이산화탄소가 환경적으로 우리에게 어떤 영향을 미치는지 알려 준다.

④ 이산화탄소의 배출이 사회·경제적으로 어떤 영향을 미치는지 알려 준다.

⑤ 이산화탄소 배출량의 변화를 살펴본다

⑥ 왜 이산화탄소 배출량이 해가 갈수록 증가하는지 이야기해 보는 시간을 갖는다.

2. 이산화탄소는 어디서 나올까요?

① 활동지를 이용하여 우리가 일상생활에서 얼마만큼의 이산화탄소를 배출하는지
   알아본다.

② 모둠별로 우리 주변의 특정한 장소(학교의 교실, 집에서 학교에 오는 도로, 집 등) 를 정하게 한다.

③ 정한 장소에서 이산화탄소가 배출되고 있는 곳은 어디인가 찾아본다.

④ 이산화탄소의 발생지는 난방 시설이나 자동차에서도 발생되지만, 인간이나 동물의 활동에서도 발생된다는 것을 알려 주도록 한다.

⑤ OHP 필름을 나눠 주고 정한 장소에서 이산화탄소가 발생되는 곳을 그리게 하고 모둠별로 발표한다. 교사는 이때, 틀린 것이 없는지 확인하고 수정해 주도록 한다.

⑥ 배출원에 대한 발표가 끝나면, 공기 중으로 배출된 이산화탄소를 흡수하기 위해서는 무엇을 해야 하는지 토론하게 한다.

⑦ 어떤 장소에 숲이나 식물이 있는 경우를 상상해 보게 한다. 이를 통해 이산화탄소의 양이 감소될 수 있다는 것을 생각해 보게 한다. 숲은 이산화탄소를 저장하는 저장 탱크가 될 수 있음을 이야기해 준다.

⑧ OHP 필름을 나눠 주고 정한 장소에서 이산화탄소를 줄일 수 있는 방법을 표현하게 한다. 이때 OHP 사용이 불가능하면 A4 용지 등에 색 있는 펜을 이용하여 표현하고 이를 디지털카메라로 찍어 영상을 컴퓨터에 옮긴 후 함께 보면서 발표할 수 있다.

3. 학교숲과 이산화탄소

① 전체 활동으로 학교숲과 이산화탄소 흡수에 대해서 알아본다.

② 칠판에 대강의 학교 구조를 그리고 이산화탄소가 발생하는 곳과 이산화탄소를 흡수하는 곳을 표시한다.

③ 이산화탄소의 흡수에 학교숲이 어떠한 역할을 하고 있는지 이해하고 학교숲에 나무가 많으면 많을수록 더 많은 이산화탄소가 흡수된다는 것을 이해할 수 있도록 한다.

④ 교사는 숲의 이산화탄소 흡수량에 대해 설명해 주고 숲이 이산화탄소의 저장 탱크가 될 수 있음을 강조한다.

4. 이산화탄소의 배출 줄이기

① 이산화탄소의 배출을 줄이는 방법에 무엇이 있는지 모둠별로 이야기하고 기록하게 한다.

택시로 3km 이동할 거리를 지하철을 타고 가면	1,200g의 이산화탄소 감소
사용하지 않는 에이컨의 플러그를 뽑아 두면	20g의 이산화탄소 감소
목욕물을 이용하여 세탁을 하면	50g의 이산화탄소 감소
샤워하는 시간을 1분 단축하면	60g의 이산화탄소 감소

② 학교에서 이산화탄소의 배출을 줄일 수 있는 방법에 대해 모둠별로 논의한다.

③ 논의가 끝나면 학기 중에 학급이 할 수 있는 일을 정해서 교실에 붙여 두고 실천에 옮길 것을 합의한다.

활동 도우미

① 보통 숲의 공익적인 기능을 강조할 때 숲의 산소 배출에 관한 것이 주로 강조되었으나 이 활동을 통해서 이산화탄소를 흡수하고 저감하는 역할도 한다는 것을 일깨워 주도록 한다.

② 교토의정서의 내용을 이해하도록 하고, 이산화탄소의 배출이 환경뿐만 아니라 사회·경제적인 문제와도 밀접히 관련됨을 알 수 있도록 한다.

심화 활동
① 일상생활에서 배출되는 이산화탄소의 양을 계산해 보자.
　※국립산림과학원(www.kfri.go.kr) 탄소나무 계산기 이용
② 이산화탄소를 줄이기 위한 캠페인을 기획해 본다.
③ 일정한 기간을 정해 두고 캠페인을 학교 내에서 또는 지역에서 진행한다.
④ 이산화탄소 저감을 주제로 한 포스터 그리기 활동을 할 수도 있다.

항목		대수	탄소배출량 (kg/연)	사용 여부
전기 사용 분석	냉장고	1	543	☐
	TV	1	136	☐
	에어컨	1	543	☐
	전자레인지	1	113	☐
	청소기	1	113	☐
	백열등	1	9	☐
	형광등	1	27	☐
	컴퓨터	1	68	☐
	세탁기	1	453	☐
기름 사용 분석	18~23평	1	7,470	☐
	25~30평	1	9,960	☐
	31~40평	1	12,450	☐
천연가스 분석	18~23평	1	1,540	☐
	25~30평	1	2,054	☐
	31~40평	1	3,081	☐
차량	소형	1	3,154	☐
	중형	1	4,100	☐
	대형	1	5,125	☐

❖ 위의 표를 이용하여 1년간 배출하는 이산화탄소 양을 계산해 보세요.

_______________ kg

❖ 나무 한 그루는 1년간 약 348kg의 이산화탄소를 정화합니다. 그렇다면 나는 적어도 몇 그루의 나무를 심어야 할까요? _______________ 그루

❋ 우리 주변에서 이산화탄소가 나오는 곳은 어디일까요?

❋ 우리 주변에서 이산화탄소가 흡수되는 곳은 어디일까요?

기후변화협약에 의한 온실가스 감축이 구속력이 없음에 따라 온실가스의 실질적인 감축을 위하여 과거 산업혁명을 통해 온실가스 배출의 역사적 책임이 있는 선진국(Annex I, 38개국)을 대상으로 제1차 공약기간(2008~2012) 동안 1990년도 배출량 대비 평균 5.2% 감축을 규정하는 교토의정서를 제3차 당사국총회(1997년, 일본 교토)에서 채택하여 2005년 2월 16일 공식 발효시켰다. 우리나라에서는 2002년도에 비준하였고(2008년 5월 현재 182개국 비준) 온실가스 감축의무를 효과적이고 경제적으로 달성하기 위해 세 가지의 교토메커니즘(Kyoto Mechanism)을 도입하였다.

*주요 국가의 탄소흡수량 적용 상한치

	일본	캐나다	러시아	프랑스	독일	영국	스웨덴
국가 전체 탄소 배출 삭감 목표(%)	6	6	0	8	8	8	8
배출량 대비 탄소 흡수 인정량 비율(%)	3.9	7.3	4.0	0.6	0.4	0.2	3.0

이 교토 메커니즘에서 주목할 것은 산림과의 관련성인데, 특히, 3.3조의 산림 관련 토지 이용 변화를 가져오는 신규 조림, 재조림, 산림 전용과 3.4조의 토지 이용 변화 없이 토지 관리 형태만 달라지는 추가적 활동(산림 경영, 식생 복구)이 있다. 이는 산림 활동을 통해 얻은 온실가스 흡수량을 일정 부분 선진국의 감축의무를 달성하는 데 사용하는 것을 허용하여 산림을 유일한 흡수원으로 인정한 것이다.

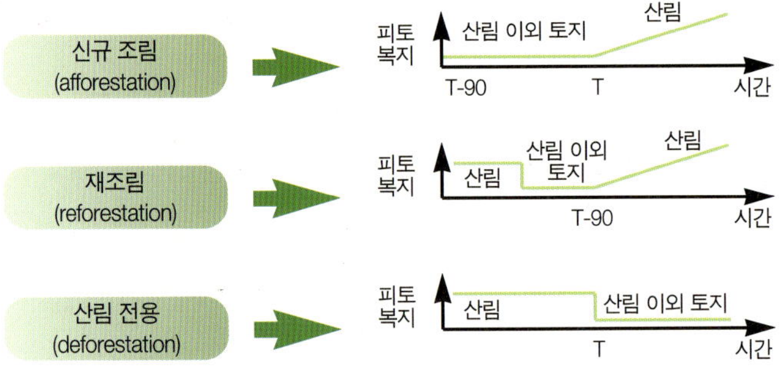

이 참고 자료의 내용은 산림청 홈페이지 '기후변화와 산림'를 참조함. http://carbon.forest.go.kr/foahome/user.tdf?a=common.HtmlApp&c=1004&page=/html/weather/class/agree_kyoto_010.html& mc=WEATHER_CLASSROOM_020_020

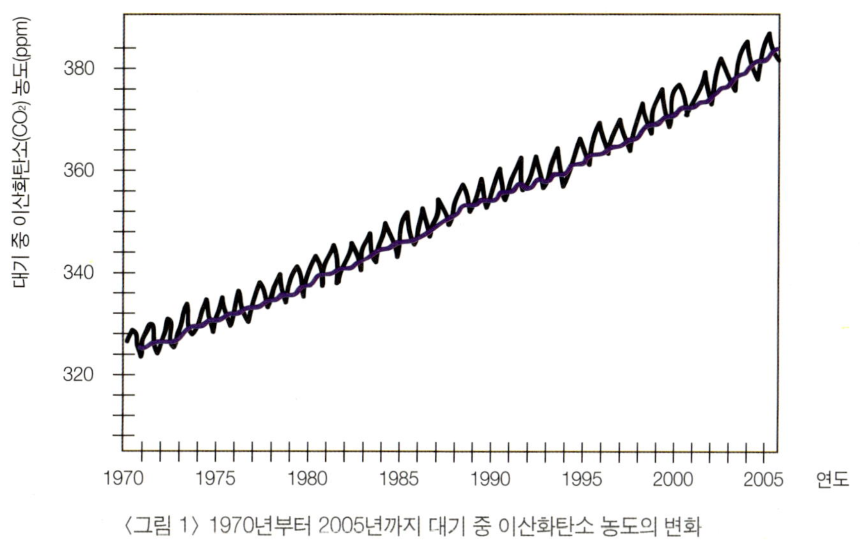

〈그림 1〉 1970년부터 2005년까지 대기 중 이산화탄소 농도의 변화

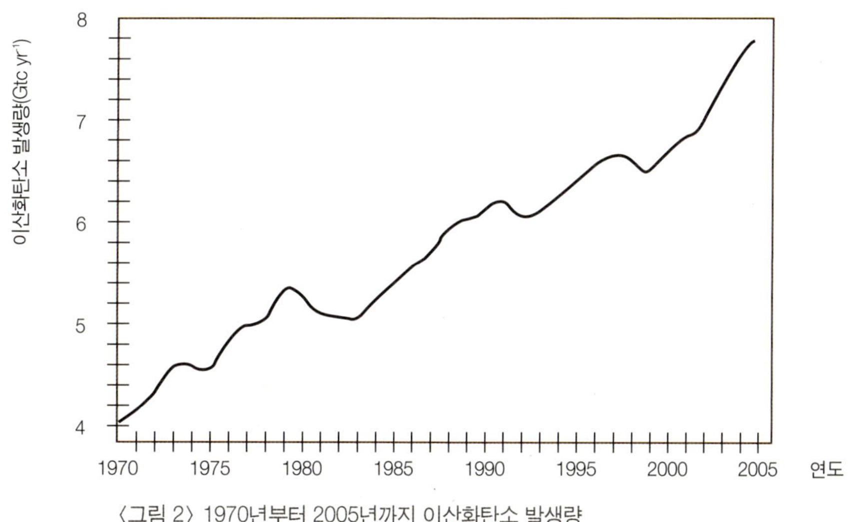

〈그림 2〉 1970년부터 2005년까지 이산화탄소 발생량

〈그림 1〉과 〈그림 2〉는 1970년부터 2005년까지 대기 중 이산화탄소(CO_2)의 농도와 발생량을 나타낸 것이다. 이산화탄소의 농도를 나타낸 〈그림 1〉에서 검은색은 하와이에서 측정된 값이고, 푸른색은 뉴질랜드에서 측정된 값이다. 북반구에서는 육지 면적이 넓기 때문에 이산화탄소의 계절별 변동이 크고, 남반구에서는 계절별 변동이 적다. 이산화탄소의 발생량을 나타낸 〈그림 2〉는 화석연료와 기타 인간의 활동에 의한 이산화탄소 발생량을 나타낸 것이다.

이 참고 자료의 내용은 다음을 참조함. http://www.ipcc.ch/publications_and_data/ar4/wg1/en/figure-2-3.html

나무, 생물들의 호텔

이런 활동이에요

생물들은 저마다의 서식지를 가지고 있다. 생물이 살아가기 위해서는 먹이, 물, 안식처와 이를 포함하는 공간이 필요한데, 우리는 이를 서식지라고 부른다. 생물종마다 각각 다른 형태의 서식지를 갖게 된다. 사자가 살아가기 위한 서식지는 넓어야 하며, 거미가 살아가기 위한 공간은 아주 작을 수도 있다. 서식지가 비슷하거나 같은 생물들끼리는 경쟁하거나 공간을 나눠 쓰기도 한다. 나무들은 여러 생물들의 좋은 서식지가 된다. 이 활동에서는 어떤 생물들이 학교숲에 있는 나무를 서식지로 살아가고 있으며, 이들이 서로 어떤 관계를 맺고 있는지 관찰해 본다.

- **관련 교과** : 과학
- **교수·학습 방법** : 관찰, 창작법
- **주제** : 학교숲 알기, 학교숲과 생태계
- **활동 목표** : 지식, 인식, 기능

활동 목표

- 나무에 서식하고 있는 생물들을 알 수 있다.
- 나무에 서식하고 있는 생물들의 흔적을 찾아본다.
- 나무와 생물들이 서로 어떤 관계를 맺는지 알아본다.

1. 나무에는 누가 살고 있을지 생각해 보기

① 학교숲으로 나가 직접 관찰하기 전에, 교실에서 사전 활동으로 나무에서 찾아볼 수 있는 생물의 흔적들에 대해서 미리 알아본다.

② 이를 위해 나무 모양의 그림이 그려져 있는 활동지를 나누어 주고, 뿌리에서부터 나뭇가지, 잎, 나무껍질 등에 어떤 생물들이 서식하고 있는지 생각해 보고, 적절한 위치에 그림을 그린다.

③ 이때, 학생들에게 어떤 장소에 어떤 생물들이 분포하는지에 대해 힌트를 주도록 한다.

④ 같은 장소를 보금자리로 하는 생물들은 어떤 것들이 있는지 이야기해 본다.

⑤ 생물들은 이 장소를 서로 어떻게 나누어 쓸 것인지에 대해서 생각해 보게 한다.

⑥ 나무에 서식하는 생물과 나무가 서로에게 어떤 영향을 주는지 알아보도록 한다.

⑦ 나무는 생물에게 보금자리와 먹이를 제공하고, 생물들은 진딧물과 같은 나무에게 해를 미치는 생물을 잡아먹음으로써 서로 공생하는 관계 등에 대해 알려 준다.

2. 생물의 흔적 찾기

① 사전 활동 이후에 직접 학교숲으로 나가서 실제로 생물의 흔적 찾기를 해 본다.

② 학생들은 4~5명 정도가 한 모둠이 되도록 하고, 각 모둠에 돋보기 등과 같은 관찰 도구와 생물도감 등을 나누어 준다.

③ 모둠별로 학교숲에 있는 나무 중에 마음에 드는 나무를 선택하게 하는데, 이때 나무는 살아 있는 나무, 죽어 있는 나무, 또는 쓰러져 있는 나무 중 어떤 것을 선택해도 좋다.

④ 모둠이 정한 나무에서 서식하고 있는 생물들을 직접 찾아보거나, 생물이 서식하고 있는 흔적을 찾아보게 한다.

⑤ 생물이나 흔적이 발견되면 이를 기록하게 한다.

이때, 나무 위, 나무 속, 나무의 주변 등으로 구분하여 각 부분에서 발견할 수 있는 생물은 무엇인지 관찰하고 기록한다. 그리고 발견한 동물은 서식하고 있는 것인지 아니면 단지 지나가는 중인지 생각해 보게 한다.

⑥ 관찰이 끝나면, 각 모둠에 전지와 색종이, 가위, 풀, 사인펜, 크레파스 등을 나누어 준다.

⑦ 각 모둠은 전지에 관찰한 나무의 모양을 그리고, 발견한 생물이나 그 흔적을 만들어 붙이도록 한다.

⑧ 활동이 끝나면 생물이 서식하는 장소에 대해서 발표하도록 한다. 이때, 관찰한 각 나무의 특징은 물론 활엽수인지 침엽수인지, 죽은 나무 등과 같은 사항과 다음의 내용도 포함하여 함께 이야기하도록 한다.

- 관찰된 생물의 종
- 생물의 서식 장소와 분포
- 나무의 줄기에서 발견된 생물 또는 흔적
- 나무의 가지에서 발견된 생물 또는 흔적
- 나무의 뿌리 근처에서 발견된 생물 또는 흔적

⑨ 이 활동의 마지막 부분에서는 각각의 생물들이 나무에 어떻게 의존하고 있는지, 생물과 나무는 서로 무엇을 주고받는지 생각해 보도록 한다.

① 나무는 다양한 생물들의 서식처로 이용되고 있으며, 나무에 서식하고 있는 생물과 나무는 서로 상호작용하고 있음을 알 수 있다.
② 나무는 단지 숲을 구성하는 것뿐만 아니라 많은 생물들이 살아갈 수 있는 터전을 마련해 주는 서식지로서의 중요성을 갖게 된다는 점을 이해할 수 있다.

활동 도우미

① 생물을 관찰한 이후에는 다시 제자리에 두도록 한다.
② 생물의 이름을 모를 경우에는 도감을 찾아보게 한다. 그러나 대략적 이름만 파악하고, 생물들의 이름 찾기에 너무 많은 시간을 보내지 않도록 한다.
③ 모둠 발표 이후에 각 모둠에서 발견한 생물들의 위치, 종류, 분포에 차이가 있는지 알아본다. 특히 죽은 나무와 살아 있는 나무에 서식하는 생물종에 차이가 있는지, 침엽수와 활엽수에 서식하는 생물종에 차이가 있는지도 알아본다.
④ 직접 색종이를 이용하여 관찰한 생물들을 접고 이를 서식 위치에 붙이도록 하는 방법을 접기 활동과 접목해 사용할 수도 있다.

> **교육 과정과의 연계성**
> 슬기로운 생활 1학년 1학기 4. 슬기롭게 여름 나기
> 과학 4학년 2학기 1. 동물의 생김새

발견된 생물	서식하는 나무의 부분	나무에게 주는 이익	나무에게 미치는 피해	먹고 사는 먹이

하늘로 뻗어 있는 나뭇가지에서 땅속뿌리까지, 나무는 수많은 식물과 동물의 보금자리가 된다. 생물이 살아가기 위해서는 먹이와 물, 안식처, 새끼를 낳고 키우는 공간 등이 필요한데, 이 공간의 크기는 생물에 따라 다르다. 사자를 위해서는 넓은 초원이 필요하지만, 작은 생물은 나무 한 그루에서도 여러 개체가 충분히 살 수 있다. 예를 들어 상수리나무 한 그루가 있다면, 이는 다람쥐에게는 도토리라는 먹이를 주고, 까마귀에게는 새끼를 낳고 쉴 수 있는 둥지를 준다. 습한 곳에 사는 이끼는 나무에 붙어서 살아가면서 필요한 모든 것을 얻을 수 있다.

나무 한 그루에 살고 있는 생물들은 얼마나 될까? 실제로 나무에는 우리가 생각하는 것보다 훨씬 많은 생물들이 살고 있다. 여러 종류의 곤충은 물론 아직 성충이 되기 전의 애벌레들도 나무 곳곳에 숨어 있다. 때로 큰 참나무 한 그루에는 300종이 넘는 생물들이 살기도 한다.

나뭇잎에는 곤충의 알이나 작은 애벌레들이 살고 있는데, 이들은 여린 나뭇잎을 먹이로 갉아먹으면서 살아간다.

나뭇가지에는 박새, 직박구리, 부엉이가 둥지를 틀고 살고, 딱따구리는 나무에 구멍을 파고 산다. 새들은 나무에 둥지를 만들어 새끼를 낳고 살기도 하고, 잎 사이에 숨어 적을 피하기도 하며, 나무에게 해로운 곤충들을 잡아먹어 나무를 보호해 주기도 한다.

나무줄기와 껍질에는 딱정벌레, 무당벌레, 사슴벌레, 매미, 장수풍뎅이 들이 구멍을 내고 산다. 이 곤충들은 나무의 수액을 먹고, 줄기에 알을 낳을 뿐 아니라 나무에 있는 진딧물들을 잡아먹어 나무를 건강하게 해 준다.

나무뿌리 근처에는 개미, 두더지, 지렁이, 너구리가 굴을 파고 산다. 나무의 밑동이나 뿌리 근처에서 이끼와 버섯들도 볼 수 있다. 두더지나 지렁이는 뿌리 근처의 흙 속을 왔다 갔다 하면서 흙 속의 공기를 이동시켜 주는 역할을 한다.

학교숲 먹이그물 게임

이런 활동이에요

이 활동에서는 학교숲에 살고 있는 생물들의 종류와 먹이관계를 이해하고, 개체들 간의 상호 관련성을 관찰을 통해 학습하게 된다. 또한 완성된 학교숲 먹이그물을 가지고 게임을 하면서 포식자와 피식자 관계를 몸으로 배울 수 있다. 이를 통해 생태계 속에서 생물들의 먹고 먹히는 관계를 이해하게 된다. 이 활동은 생태계 내에서 생산자, 소비자, 분해자 개념을 학습한 후에 수행하는 것이 좋으나 그 후에 학습하도록 하는 것도 무방하다.

- **관련 교과** : 과학, 체육
- **교수·학습 방법** : 조사, 관찰, 게임
- **주제** : 학교숲 알기, 학교숲과 생태계
- **활동 목표** : 지식, 인식

활동 목표

- 생물들의 먹이관계를 이해한다.
- 생물들의 먹이사슬(먹이연쇄) 및 먹이그물을 이해한다.
- 학교숲의 생물 종류와 먹이관계를 이해한다.

돋보기

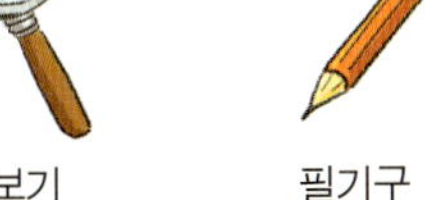
필기구

이름표

호각

전지(먹이그물을 그릴 종이)

1. 먹이관계 관찰하기

① 먼저 먹이사슬(먹이연쇄)의 의미에 대해 간단히 설명한다.

② 학교숲을 다니면서 관찰할 수 있는 생물들 간의 먹고 먹히는 관계를 두 가지씩 적어 오게 한다.

> 가. 식물—노린재
>
> 나. 나무(수액)—진딧물—거미
>
> 다. 나뭇잎—지렁이
>
> 라. 나비—거미

③ 식물이나 곤충, 동물의 이름을 모를 때에는 그림으로 그려 온다. 풀과 꽃, 나뭇잎에 있는 갉아먹은 흔적도 그림으로 그려 온다.

④ 교사가 도감 등을 활용해 곤충과 풀, 꽃, 나무의 이름을 알려 주고 갉아먹은 생물체를 유추해 보도록 격려한다.

2. 먹이그물로 발전시키기

① 관찰한 생물들의 먹이관계를 준비한 큰 종이에 적어 연결시켜 간다.

② 학생들이 조사해 온 단순한 먹이사슬들이 합쳐지면 복잡한 먹이그물이 만들어지게 된다.

③ 태양과 기타 동물들을 추가해 먹이그물을 확장시켜 본다.

④ 완성된 학교숲의 먹이그물 그림을 통해 무엇을 느꼈는지 이야기해 본다.

3. 먹이그물 게임

① 활동 1, 2를 통해 학습한 먹이그물을 가지고 숲에서 게임을 한다.

② 생물의 이름을 적은 이름표 카드를 나누어 주고 눈에 잘 띄도록 목에 걸게 한다. 학생들은 자신의 포식자와 먹이를 잘 인식하고 있도록 지도한다.

③ 최종 포식자 한 명이 남아서 눈을 감고 숫자 30을 세는 동안 다른 생물(학생)들은 학교숲으로 흩어진다. '식물'은 숨을 수 있도록 하고 '동물'은 숨지 못하도록 지도한다. 교사가 사냥 시작을 알린다.

④ 포식자에게 잡힌 학생들은 이름표를 벗고 게임에서 빠진다.

⑤ 교사가 정한 시간(5~10분 정도) 후에도 살아 있는 학생들은 게임에서 이긴 것으로 한다.

주의 깊은 관찰과 상상력, 유추 능력을 발휘해야 복잡한 먹이사슬을 만들 수 있다.

 **활동 도우미**

① 먹이그물 게임을 할 때, 너무 복잡한 먹이 단계를 만들기보다는 4단계 정도가 적절하며, 먹이 피라미드를 염두에 두고 생물 수를 조절한다. 즉, 상위로 갈수록 생물체 수가 적어지도록 이름표를 만든다.

② 공간의 넓이, 즉 장소에 따라 학생 수를 조절하도록 한다.

③ 놀이가 과열될 경우 발생할 수 있는 안전사고에 주의한다.

심화 활동

학생들이 각 생물들의 먹이관계를 잘 이해했다면 이를 바탕으로 먹이사슬과 관련된 이야기를 구성하게 해 보는 것도 좋다. 이를 통해서 실제로 먹고 먹히는 관계가 생태계의 균형을 맞춰 주는 과정임을 이해할 수 있도록 한다.

교육 과정과의 연계성

과학 3학년 1학기 6. 물에 사는 생물/5학년 2학기 1. 환경과 생물/6학년 2학기 3. 쾌적한 환경

학교숲에서 도형 찾기

이런 활동이에요

자연 속에는 다양한 사물들이 존재한다. 이들은 모두 일정한 형태를 지니고 있으며, 일정한 공간 안에 존재한다. 사람은 태어나자마자 계속해서 시각과 촉각 등 오감을 통해 사물들을 경험하고, 초등학생 정도의 나이가 되면 형태와 공간에 대해 상당한 호기심을 갖는다. 이 활동에서는 학교숲이라는 자연 속에 들어 있는 도형을 찾아봄으로써 자연스럽게 형태와 공간이라는 개념을 이해할 수 있도록 한다.

- **관련 교과** : 수학, 과학
- **교수·학습 방법** : 조사
- **주제** : 학교숲에서 보물찾기
- **활동 목표** : 지식, 인식

이런 것이 필요해요

1. 학교숲에서 여러 가지 도형을 찾아보아요

① 밖으로 나가기 전에 학교숲에서 어떤 도형을 발견할 수 있을지 이야기해 본다.

② 여러 가지 생물과 무생물에서 어떤 모양의 도형을 발견할 수 있는지 생각해 보도록 한다.

③ 도형이 학교숲에서 볼 수 있는 생물 또는 무생물의 전체의 모양에서 나타나는지, 부분적인 형태에서 나타나는 것인지를 생각해 보고 기록한다.

④ 학교숲에서 우리가 쉽게 볼 수 있는 도형을 찾아본다.

(예_사각형, 삼각형, 원형, 마름모형, 하트)

⑤ 각 도형에 해당하는 생물 또는 생물의 일부를 다섯 가지 이상 찾아서 도형이 어떤 형태로 들어 있는지 관찰하고 붙이거나 판에 찍어 보게 하는데, 이때는 생물의 모양을 변형시켜서는 안 된다는 것을 이야기해 준다.

⑥ 각 도형의 형태의 특징을 그림으로 그리거나 이야기로 설명해 보게 한다.

⑦ 학교숲에서 사각형, 삼각형, 원형, 마름모형, 하트 이외에 찾을 수 있는 도형은 어떤 것이 있는지 조사한다.

⑧ 각 도형에 해당하는 생물 또는 생물의 일부를 가능하면 많이 찾아서 도형이 어떤 형태로 들어 있는지 그리거나 붙이거나 또는 판에 찍어 본다.

⑨ 각각의 특징을 그림을 그리거나 또는 말로 설명해 본다.

2. 도형이 대칭을 이루고 있어요

① 학교숲의 도형 중 대칭을 이루고 있는 것은 어떤 것이 있는지 관찰하고 그려 본다.

   가. 수평 대칭 찾기   나. 수직 대칭 찾기

   다. 180도 회전 대칭 찾기   라. 다양한 대칭 찾기

② 몇 개의 선이 대칭을 이루고 있는지 등의 다양한 대칭의 특성을 파악하고 관찰하여 그림으로 나타낸다.

③ 교실로 돌아와서 학교숲에서 발견한 자연 속의 도형이 우연적인 것인지, 필연에 의한 것인지 생각해 보고 이를 설명할 수 있는 가설을 만들어 본다.

④ 일반적으로 학생들이 찾은 도형의 생물학적 이점이 무엇인지 생각해 보게 한다.

   가. 생물의 생김새(구조)는 역할(기능)을 반영하고 있는 경우가 많다.

   나. 토끼의 귀는 크고 여러 방향으로 돌릴 수 있어서 포식자가 접근하는 것을 쉽게 알아차리는 데 도움을 준다.

기대 효과

① 학교숲의 자연과 인공물 속에 있는 도형을 발견하고, 이를 좀 더 자세히 관찰하며 다양성을 이해할 수 있는 기회를 가지게 한다.

② 특정 사물의 관찰을 통해 도형의 특성과 도형의 대칭 개념에 대해 자연스럽게 알게 된다.

 ### 활동 도우미

① 도형을 찾을 때에 몇 가지 예시를 사용하여 각 도형의 예를 제시할 수 있다. 또한 꼭 도형 찾기에 국한될 것이 아니라 나선형 또는 다른 형태적 특성에 대한 것을 포함할 수도 있다.

② 대칭 찾기를 할 때에는 학생들에게 대칭의 개념을 잘 설명해 주도록 한다.

③ 학교숲 이외에 교실이나 복도, 집에도 적용하여 활동을 진행할 수 있다.

교육 과정과의 연계성

즐거운 생활 1학년 2학기 6. 똑같아요/2학년 1학기 4. 찾아보세요

수학 2학년 1학기 5. 식 만들기와 문제 만들기/3학년 1학기 8. 길이와 시간/3학년 2학기 3. 도형

과학 3학년 2학기 7. 식물의 잎과 줄기

학교숲에서 수와 규칙 찾기

이런 활동이에요

자연 속에 있는 다양한 사물들은 수와 관련된 규칙성을 가지고 있는 경우가 많다. 이 활동에서는 학교숲에서 수를 찾아보는 활동을 중심으로 하여 자연 속의 수와 관련된 규칙에 접근하는 과정을 경험하게 된다. 이 활동은 시간적 여건에 따라 학교숲에서 도형 찾기 활동과 함께 실시하거나 연계할 수 있다.

- **관련 교과** : 수학, 과학
- **교수·학습 방법** : 조사
- **주제** : 학교숲에서 보물찾기
- **활동 목표** : 지식, 인식

이런 것이 필요해요

 돋보기

 가위

 칼

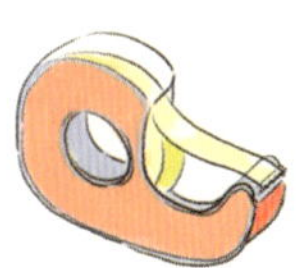 스카치테이프

 흰 도화지

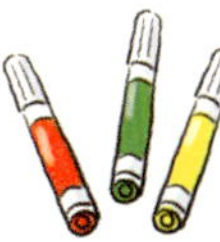 네임펜

 비닐봉지

 필기구

 스탬프 잉크

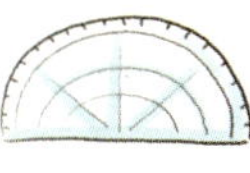 각도기

 자

 색연필

 크레파스

1. 학교숲에서 수를 찾아보아요

① 학교숲에서 어떤 수를 발견할 수 있을지 밖으로 나가기 전 교실에서 이야기해 본다.

② 여러 가지 생물이나 생물이 아닌 자연물에서 관찰할 수 있는 수의 경우와 그 수를 포함하고 있던 생물 또는 생물의 일부에 대해 이야기해 보고 이를 기록한다.

③ 학교숲으로 나가 숲 속 여러 생물에서 발견할 수 있는 수를 찾아보는데, 쉽게 찾을 수 있는 수로 2, 3, 4, 5, 6 등이 있다.

④ 각 수에 해당하는 또는 관련이 있는 생물 또는 생물의 일부를 세 가지 이상 찾아서 이를 세어 보고, 그림으로 나타내 보자.

⑤ 각각의 특징을 말로 설명해 보게 하는데, 이때 생물의 모양을 변형시키지 않도록 한다.

⑥ 학교숲에서 2, 3, 4, 5, 6 이외에 찾을 수 있는 수는 어떤 것이 있는지 조사한다.

⑦ 각 수에 해당하는 생물 또는 생물의 일부를 가능한 많이 찾아서 자연 속에 있는 수가 어떤 규칙을 가지고 있는지 알아본다.

⑧ 각각의 특징을 그림으로 그리거나 또는 말로 설명해 본다.

2. 학교숲에서 규칙 찾기

① 학교숲에서 수 찾기 활동을 바탕으로 자연 속에서 다른 규칙성, 즉 질서를 찾아 관찰하고 기록한다.

가. 형태의 좌우 대칭

나. 형태의 방사 상칭

다. 꽃이 피는 순서

라. 잎이 달리는 방법

마. 덩굴이 감아 올라가는 방향

바. 열매가 달리는 위치

사. 잎이 붙는 각도

② 각각의 규칙이 가지는 의미를 생물학적인 특징 및 생물들의 생존 전략과 관련시켜 논의하고, 가설을 만들어 이를 설명해 보게 한다.

③ 가설이 타당한지 알아보기 위해 어떻게 하면 좋은지, 실험이 필요한 경우는 실험을 설계하고, 조사가 필요한 경우는 조사 계획을 세워 보자.

④ 자연 속에는 여러 규칙이 있지만 예외도 많다는 사실을 알려주고, 그런 예들을 찾아보게 한다.

가. 특정 생물에서 또는 생물 사이에 존재하는 규칙뿐만 아니라 예외와 다양성도 함께 찾아볼 수 있도록 한다.

나. 이런 규칙성과 다양성을 생물학적인 특징 및 생존 전략과 관련시켜 생각해 볼 수 있도록 한다.

① 학교숲의 자연과 인공물 속에 있는 수와 다른 규칙을 발견하고, 이를 좀 더 자세히 관찰하며 이의 다양성을 이해할 수 있는 기회를 가지게 한다.
② 학교숲 속의 규칙과 규칙의 예외를 탐색하면서 변이의 개념을 이해할 수 있도록 한다.

활동 도우미

① 학생들이 학교숲에서 수를 찾기 전에 몇 가지 예시를 사용하여 각 수의 예를 제시할 수 있다. 또한 꼭 '수 찾기'에 국한될 것이 아니라 도형, 대칭, 또는 다른 형태적 특성에 대한 것을 포함할 수도 있다.
② 학교숲 이외에 교실이나 복도, 집에도 적용하여 활동을 진행할 수 있다.

교육 과정과의 연계성
즐거운 생활 1학년 2학기 6. 똑같아요/2학년 1학기 4. 찾아보세요
수학 2학년 1학기 5. 식 만들기와 문제 만들기/3학년 1학기 8. 길이와 시간/3학년 2학기 3. 도형
과학 3학년 2학기 7. 식물의 잎과 줄기

숲으로 물들이다

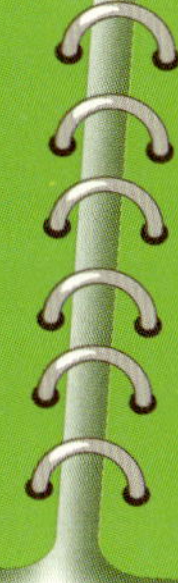

🌱 초등 전학년   🕐 3차시   🏫 학교숲, 과학실   🙂 여름

이런 활동이에요

지금처럼 염색약이나 염료가 충분하지 않던 시절에는 자연에서 색깔을 찾았다. 식물이나 황토 등에서 색깔을 얻어 염색을 했다는 점을 알려 주고, 학교숲에서 색을 찾아서 직접 염색해 보는 활동이다.

- **관련 교과** : 미술, 실과
- **교수·학습 방법** : 관찰, 창작법(만들기)
- **주제** : 학교숲에서 보물찾기
- **활동 목표** : 지식, 기능

활동 목표

- 자연에서 천연 염료를 얻는 방법을 이해한다.
- 염료로 활용되었던 식물들에는 무엇이 있는지 알아본다.
- 천연 염색의 이점에 대해서 생각해 본다.

이런 것이 필요해요

흰 티셔츠　　　손수건　　　찜통　　　매염 용기　　　가스레인지　　　고무장갑　　　앞치마　　　명반

1. 숲에서 색 찾아보기

① 숲에서 볼 수 있는 색들은 무엇인지 이야기해 보게 한다.

② 계절별로 숲의 색깔은 어떻게 달라지는지, 왜 색이 달라지는지 그 이유에 대해 생각하고 발표하게 한다.

③ 식물의 각 부위가 어떤 색을 나타내는지 이야기해 본다.

　가. 꽃

　나. 잎

　다. 열매

　라. 나무껍질

　마. 뿌리

2. 예쁘게 염색해 봐요

① 모둠을 정하고 염색이나 물들이기를 할 수 있는 재료를 모둠별로 숲에서 한 가지 씩 찾아오게 한다.

② 학교숲에서 쉽게 구할 수 있는 재료를 활용한다. 염색할 수 있는 재료가 식물의 특정 부위에 국한된 것이 아니라 꽃, 잎, 열매, 나무껍질과 뿌리 등 다양하게 존재함을 알려 주도록 한다.

③ 물에 염색 재료를 넣고 중불에 색이 우러나도록(약 1시간 이상 정도) 끓인 후에 체에 밭쳐 물을 걸러 내고 식혀 둔다.

④ 식혀 둔 물에 천이나 티셔츠를 20분간 담가 둔다. 얼룩덜룩해지지 않도록 골고루 주물러 준다.

⑤ 명반 등 매염제를 녹인 물에 30분간 다시 담가 둔다.

⑥ 색을 진하게 하려면 염색과 매염의 과정을 반복하도록 한다.

⑦ 모둠별로 가져온 재료가 어떤 색으로 천에 염색되었는지 서로 이야기해 보도록 한다. 처음에 예상했던 색깔과 같은지도 이야기해 본다.

① 사람들에게 필요한 여러 가지 재료들이 자연에서 수집됨을 알 수 있게 된다.
② 염색하는 것을 직접 체험하면서 염색하는 방법을 터득하게 된다.
③ 자연을 바르게 이용하는 지혜를 터득하게 된다.

활동 도우미

① 염색 과정에는 물을 끓이는 작업이 필요하므로 물을 끓일 수 있는 가스레인지가 있는
   장소를 미리 준비하거나 야외에서 끓일 수 있게 휴대용 가스레인지를 준비한다.
② 염색을 위해서는 온도가 높은 물을 사용하므로 화상을 입지 않도록 주의시킨다.
③ 학교숲 조성 초기 단계로 학교숲 내에서 자연 재료를 구하기 어려운 경우에는 미리 과
   제를 내주어 자연 재료를 구해 올 수 있게 한다. 또는 소목이나 치자와 같이 미리 구입
   할 수 있는 것을 구입하여 활용하는 것도 좋다.
④ 염색 시에 천을 실로 감아 두게 되면 독특한 모양을 얻을 수 있다는 사실을 알려 주고
   다양한 무늬가 나올 수 있는 염색 방법을 가르쳐 준다.

교육 과정과의 연계성
슬기로운 생활 1학년 2학기 3. 가을 마당/2학년 2학기 3. 주렁주렁 가을 동산 /2학기 2학기 4. 겨울을 따뜻하게 보내려면
사회 3학년 1학기 2. 우리 고장 사람들의 생활 모습

1. 천연 염색

천연 염색은 인공적인 화학 약품이 아닌 자연 재료를 활용하여 염색하는 것이다. 천연 염색의 가장 큰 장점은 자연에서 나온 재료를 활용하여 염료를 추출하여 쓴다는 점이다. 즉, 식물의 잎이나 열매, 뿌리뿐 아니라 나무껍질도 가능하고, 황토나 숯에서도 염료를 뽑을 수 있으며 동물에서도 색을 추출할 수 있다.

자연 재료를 활용하기 때문에 안전하기도 하고, 화학 약품으로 인한 환경 오염을 줄일 수도 있어 환경친화적이다. 또한 천연 염색은 색감이 다양하기도 하고, 자연스럽고 아름답다. 천연 염색은 천연 재료에서 염료를 추출하고 잔여물을 다시 자연으로 돌려보내는 자연순환 과정으로 이루어진다. 천연 염색의 이러한 장점으로 인해 예전보다 많이 대중화되었고, 다양한 방식이 개발되었다.

2. 천연 염색의 종류와 색상

① 재료에 의한 구분

광물성 염색	황토, 숯
동물성 염색	오배자(붉나무에 생긴 혹 모양의 벌레집), 다슬기 코치닐(선인장에 기생하는 깍지벌레의 암컷에서 뽑아 정제한 붉은 색소)
식물성 염색	오리나무, 정향, 소목, 꼭두서니, 쪽, 감, 홍화

② 색에 의한 분류

적색 계열	홍화, 꼭두서니, 오미자, 소목, 코치닐
황색 계열	치자, 양파껍질, 황벽, 괴화(회화나무의 꽃)
청색 계열	쪽, 닭의장풀, 쥐똥나무
흑색 계열	층층나무, 사방오리나무, 각종 나무의 재, 숯, 흙토
보라 또는 자색 계열	오배자, 지초, 오디, 포도
녹색 계열	쑥, 차, 억새, 등나무 잎

첫째, 천연 염색은 자연스러운 색을 낸다.

천연 염색의 색이 다른 화학 약품과는 달리 자연스럽고 은은한 색을 내는 이유는 무엇일까? 이것은 천연 염색에 쓰이는 재료가 가지는 색소와 관련된다. 자연에서 얻을 수 있는 염료의 경우는 색의 선명도가 낮아서 색이 강하지 않고 자연스럽고 은은한 색을 내는 경우가 많다. 색이 강하게 나타나지는 않지만, 채도가 낮다 보니 어떤 색과도 조화를 잘 이룬다. 또한 시간이 지나면 지날수록 바래거나, 세탁을 하면 할수록 물이 빠지게 되는데, 그 색깔마저도 자체적인 아름다움을 가지고 있다.

둘째, 환경친화적일 뿐 아니라 건강에도 좋다.

천연 염색은 자연에서 염료를 얻게 된다. 그뿐 아니라 화학적 처리 과정을 거치지 않은 천연 염색은 천연 재료가 고유하게 가지고 있는 특성에 기반하여 고유의 효과를 나타내게 된다. 화학 염색은 염색 과정에서 환경친화적이지 않은 물질 등을 활용하고 있고 또한 공정 자체가 환경 오염을 유발하게 되는 인자들을 가지고 있다. 그리고 이렇게 완성된 제품 중에는 우리 몸이나 피부 등에 해를 미치는 경우도 있다. 이에 비해 천연 염료에 의한 염색은 색소 자체가 방충이나 항균, 보습, 소취 등의 기능을 가지고 있어서 병원균이나 기타 오염 물질 등으로부터 우리 몸을 보호해 주고, 자외선이나 건조함으로부터 우리 몸을 지켜 주어 건강하게 해 줄 수 있다.

셋째, 견뢰도(堅牢度)가 다른 염색에 비해 낮다.

견뢰도는 염색물의 색깔이 땀, 마찰, 세탁, 햇빛, 비바람, 염소 표백, 해수, 드라이클리닝 등과 같이 여러 가지 외적인 조건을 견디는 저항 및 내구성을 의미하는데, 이는 염색물을 평가하는 데 있어서 중요한 기준이 된다. 견뢰도를 결정하는 요소는 여러 가지가 있는데, 어떤 염료를 쓰느냐 또는 어떤 천을 사용하느냐에 따라서 견뢰도에 차이가 나타날 수 있다. 천연 염색은 견뢰도가 낮은 편이지만 재생 가능하고, 물이 빠지면 재염색을 할 수 있다. 또한 물이 서서히 은근하게 빠지기 때문에 그 자체로도 색깔 표현이 가능하다. 이를 천연 염색이 가진 아름다움과 특징으로 보기도 한다.

1. 염색 재료(염재) 준비

- 염료를 추출한 재료를 준비하는 과정이다.
- 가능하면 표면적이 넓어질 수 있도록 염재를 잘게 부수거나 썰어 놓은 형태로, 염색할 천의 무게보다 1.2~1.5배 정도 많이 준비한다.

2. 염료 추출

- 염재를 그릇에 담고 염재가 물에 잠길 정도로 물을 부어 40~50분 정도 끓인다.

3. 염색

- 염료 추출이 끝난 이후, 면직물을 염색할 때에는 물이 뜨거울 때 염색하고, 면 이외의 다른 천은 70~80˚C 정도에서 천을 넣고 골고루 염색이 되게 20~30분간 주물러 염색한다.

4. 매염

- 매염(媒染)은 염료가 천에 잘 고착되도록 도와주는 것으로 천이 잠길 정도의 양의 따뜻한 물을 준비한다. 물에 매염제를 넣고 20분간 골고루 주물러 준다.
- 매염제로는 백반, 철 등이 있는데 직물에 따라서 다양한 매염제를 사용한다.
- 매염하는 방법은 염료와 직물에 따라 다양한 방법이 있다.

5. 수세(水洗)

- 건조 후, 원하는 색을 얻을 때까지 염색과 매염 과정을 반복한다.

❖ 생활 속의 재료로 염색하기

- 봉선화―다른 재료에 비해 쉽게 염색이 가능하며, 색은 황토색이 나오며, 매염제로는 명반을 주로 쓴다.
- 쑥―약재와 식용으로 널리 사용되며 쉽게 구할 수 있는 재료로, 많은 양의 염재를 얻을 수 있다. 매염제로 초산을 쓰면 연한 쑥색이, 소금을 쓰면 은회색이 나온다.
- 포도―흔히 구할 수 있는 재료로, 포도 껍질을 염색에 사용한다. 매염제로 명반을 쓰면 보라색이 나오지만 색깔이 심하게 변하고, 매염제를 쓰지 않고 염색 후에 잿물이나 석회수를 쓰면 미갈색이 나온다.

숲 속의 비밀 찾아내기

이런 활동이에요

숲속에서 미스터리하거나 신기하다고 느끼는 자연물을 찾아보고, 이를 이용하여 숲에 대한 짧은 이야기를 만들어 본다. 주변에서 일상적으로 볼 수 있는 사물들을 세심하게 관찰하고 새로운 시각을 가지고 볼 수 있도록 한다.

- **관련 교과** : 국어
- **교수·학습 방법** : 관찰, 창작법(글쓰기)
- **주제** : 학교숲에서 보물찾기, 학교숲과 관계 맺기
- **활동 목표** : 인식, 태도, 기능

활동 목표

- 일상적인 사물에 대해서 자세히 관찰해 보고 새로운 시각을 갖는다.
- 즉흥적인 글쓰기 활동을 통해서 언어구사력을 높이고 이를 의사소통할 수 있는 능력을 기른다.

이런 것이 필요해요

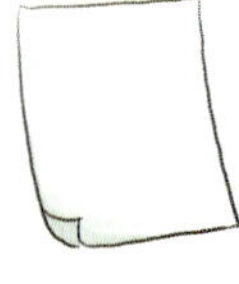

A4 용지

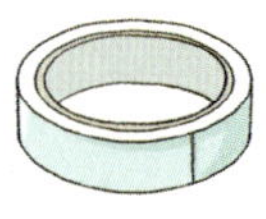

양면테이프

필기구

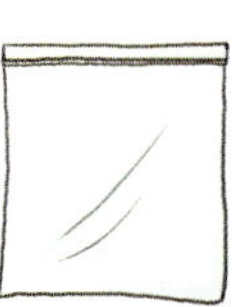

지퍼백

① 학생들을 숲으로 들어가게 한다. 그리고 숲에서 약 30분간 자유롭게 거닐면서 '숲에서 미스터리하다고 생각되거나 혹은 자신에게 특별한 느낌을 주는 것'을 한 가지씩 가져오게 한다. 나무껍질이나 열매, 나뭇잎, 꽃, 돌 등 무엇이든지 상관없다고 말해 준다.

② 자연물을 수집하고 난 후에는 원으로 둘러앉도록 한다.

③ 한가운데에 양면테이프가 붙여져 있는 종이를 학생들에게 각각 한 장씩 나누어 주고 자신의 이름을 쓰게 한다.

④ 양면테이프를 이용하여 주워 온 자연물을 붙이게 한다.

⑤ 원으로 둘러앉은 상태에서 자연물이 붙은 종이를 옆 사람에게 돌린다.

⑥ 종이를 받은 사람은 종이에 붙어 있는 것을 보고 생각나는 단어(초록, 길다, 이상
한 등) 하나를 여백에 쓰게 한다.

가. 단어는 오래 생각하지 않고 바로 연상되는 것을 쓰게 한다.

나. 자기 것을 다시 받을 때까지 옆으로 종이를 돌린다.

⑦ 자신의 이름이 적힌 종이를 받은 후에는 종이 위에 써 있는 단어들을 포함하여 짧
은 글을 만들도록 한다.

⑧ 글은 자유로운 형식으로 작성할 수 있다는 점을 알려 준다. 시가 될 수도 있고 짧
은 산문 등이 될 수도 있다는 점을 이야기해 준다.

⑨ 글을 다 쓰고 나면, 학생들에게 자신이 가져온 것을 보여 주는 것과 동시에 자신
이 만든 짧은 글을 읽어 준다. 또 왜 이런 것들을 가지고 오게 되었는지에 대해서
도 함께 이야기한다.

기대 효과

학생들이 작성한 짧은 글들을 읽어 보면 마치 시처럼 느껴지기도 한다. 자기가 쓴 글과 자연물에
대한 느낌을 충분히 이야기해 보도록 한다.

활동 도우미

① 숲에 들어갈 때는 혼자 가는 것보다 2~3명이 짝을 지어 같이 들어가도록 하는 것이
좋다.
② 인원이 너무 많은 경우는 진행이 어려우므로, 10명 내외 정도의 인원이 적합하다.

교육 과정과의 연계성
슬기로운 생활 1학년 1학기 4. 슬기롭게 여름나기
국어(쓰기) 2학년 2학기 5. 어떻게 정리할까요?

곰팡이가 허물을 벗었다.
쥐가죽 같기도 하다. 무슨 발굽(양의)
같기도 하고 신기하다, 웃음도 난다
하지만 냄새는 '우웩'이다!

신기하다   허물
웃음   곰팡이.
쥐가죽
우웩!   허물?
        버금. (양다리)

내가 어느날 문방구에서
물에사는 올챙이를 샀다,
꼬리가 꼬물꼬물 귀여웠다.
올챙이가 너무 귀여워서
계속 보다가 졸려서
잠이들었는데...
일어나 보니 올챙이가
머리는 하트모양, 꼬리는
줄처럼 쫙 펴졌고
마치 하트풍선 같았다,
그래도 풍선이 되서 처음에는
놀랐지만 계속보니 적응이 되었다.
그래서 친구랑 노는데 하트풍선을
가지고 갔다, 근데 갑자기 펑!!
하고 터지더니 폭탄이 되었다,
재밌는 경험이었다.

물
꼬리
하트
올챙이!
줄.
폭탄...
하트풍선이야? 음?

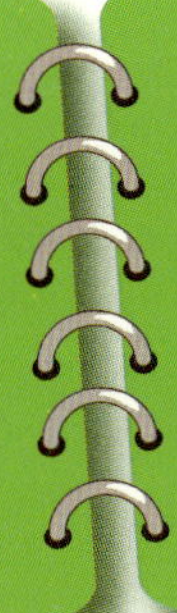

숲 속 아지트로의 초대

이런 활동이에요

학교숲에서 새롭게 발견한 나의 장소를 찾고 다른 친구들을 초대하는 활동이다. 학교숲을 오감(五感)으로 느끼며 장소에 대해 새로운 의미를 부여해 준다. 이를 통해 자연과 나, 특정 장소와 나와의 관계 맺음을 체험하고 다른 친구들을 초대함으로써 그 관계 맺음을 확장시켜 간다.

- **관련 교과** : 국어, 과학, 미술, 사회
- **교수·학습 방법** : 조사, 관찰, 창작법(만들기)
- **주제** : 학교숲에서 보물찾기, 학교숲과 관계 맺기
- **활동 목표** : 인식, 태도, 기능

활동 목표

- 학교숲에 대한 새로운 장소감을 체험할 수 있다.
- 학교숲을 오감으로 느끼며 표현할 수 있다.
- 학교숲에 대한 지리적 감각을 익힐 수 있다.

이런 것이 필요해요

편지지

선물

색연필

연필

1. 아지트 찾기

① 학교숲으로 흩어져 자신이 좋아하는 장소를 찾아 아지트로 정한다.

② 학교숲 속 나만의 공간인 아지트 주변을 돌아다니면서 왜 그곳을 아지트로 정했는지 생각해 보고 기록한다.

가. 아지트로 정한 장소는 어디인가?

나. 왜 그 장소를 아지트로 정했는가?

다. 그곳에서는 어떤 종류의 활동을 즐길 수 있을까?

라. 그 장소의 특별한 점은 무엇인가?

마. 어떤 식물이나 동물이 살고 있는 것을 볼 수 있는가?

바. 그 장소는 사람들이나 다른 생물들에게 중요한가?

사. 그 장소가 중요한 이유는 무엇인가?

2. 초대장 만들기

① 자신이 정한 아지트에 혼자 앉아 친구에게 초대장을 쓴다.

② 초대장의 멋진 제목을 만든다(예_밤나무 숲으로 놀러 오세요).

③ 초대하고자 하는 장소에 대한 소개와 찾아오는 방법을 서술한다.

④ 장소에 대해 서술한다. 이때 오감을 활용하여 흥미롭게 장소를 서술한다.

시각	주변에 심겨져 있는 나무의 이름과 그루 수, 많이 자라고 있는 꽃이나 풀들의 이름을 기술해 준다. 친구가 나무의 이름을 모를 수도 있기 때문에 주변의 나무의 잎이나 꽃, 열매의 그림을 그려 찾기 쉽게 도와준다. 그 밖에 많이 관찰되는 곤충들과 새 및 거미줄 등 특징적인 것들을 기술한다.
청각	새소리나 바람소리 등을 재미있게 표현해 본다.
후각	흙냄새, 꽃과 나무 냄새 등을 글로 표현해 본다.

⑤ 초대할 "학교숲 속 나의 아지트" 지도로 나타내기

　가. 학교의 주요 건물과 시설을 간단한 도형으로 이름과 함께 표시해 지도를 그린다.

　나. 처음의 집합 장소와 초대하고자 하는 나만의 장소를 눈에 띄게 지도에 표시해 준다.

　다. 초대할 장소 주위는 보다 상세하게 지도에 나타내 준다.

⑥ 초대장 작성 후에는 아지트를 방문할 친구를 위해 보물 또는 미션을 준비해 둔다.

　가. 보물 : 방문한 친구를 위한 편지, 그 장소에서만 볼 수 있는 열매 등을 숨겨 놓고 찾게 한다.

　나. 미션 : 방문한 장소에서 명상을 하게 하거나 눈을 감고 그 장소에서 들리는 소리 5가지를 적어 오게 하거나, 장소 주변의 열매를 가져오게 하는 등 다양한 방법을 생각해 볼 수 있다.

3. 친구 초대하기(모둠별로 활동하기)

① 학교숲 속에서 만들어 온 초대장과 활동지에 기록했던 내용을 바탕으로 친구들

앞에서 "학교숲 속 아지트"를 흥미롭게 자랑한다. "학교숲 속 아지트"에 흥미를 느껴 놀러가겠다고 하는 친구 한 명에게 초대장을 준다.

② 모둠의 다른 친구들이 서로 돌아가면서 "학교숲 속 아지트"를 자랑하고 자신이 만든 초대장을 친구에게 준다.

4. 친구의 "학교숲 속 아지트" 찾아가기

① 초대장을 가지고 친구의 "학교숲 속 아지트"를 찾아간다.

② 친구가 "학교숲 속 아지트"에 숨겨 둔 보물을 찾아서 가지고 오거나 아지트에 미리 제시해 둔 미션을 수행하고 오게 한다.

③ 아지트를 방문하고 난 이후에 다시 돌아와 각각 초대받았던 친구의 아지트에 대해서 이야기해 보는 시간을 갖는다.

가. 아지트는 어떤 모습을 하고 있었는가?

나. 친구가 그 장소를 자신의 아지트로 선택했을까? 무엇 때문에 그곳이 친구의 아지트가 된 것일까?

활동 도우미

학교숲에서 만날 수 있는 독이 있는 곤충들이 있다면 이를 미리 알려 주고 조심하게 한다.

교육 과정과의 연계성

슬기로운 생활 2학년 1학기 2. 살기 좋은 우리 집
국어(쓰기) 1학년 1학기 넷째마당. 마음을 주고받아요/2학년 1학기 다섯째마당. 상상의 나라로 떠나요
미술 3학년 9. 문자와 초대장
사회 3학년 1학기 1. 우리 고장의 모습

❁ 아지트로 정한 장소는 어디인가요?

❁ 왜 그 장소를 아지트로 정했는지요?

❁ 그곳에서는 어떤 종류의 활동을 할 수 있을까요?

❁ 그 장소의 특별한 점은 무엇인가요?

❁ 어떤 종류의 식물이나 동물이 살고 있는 것을 볼 수 있을까요?

❁ 그 장소는 사람들이나 다른 생물들에게 중요한가요? 중요하다면 그 이유는 무엇인가요?

학교 ○○○ 지도 그리기

이런 활동이에요

이 활동은 일반적으로 환경 교육에서 진행하는 지도 그리기를 변형한 형태로 지도에 모든 것을 표시하는 것이 아니라 특정한 소재—학교 내에 있는 나무, 벤치, 쓰레기통 등—를 중심으로 지도를 그려 보는 것이다. 이 활동을 통하여 학생들은 학교에서 무심코 지나다니면서 보았던 것들을 세심하게 볼 수 있는 경험을 하게 된다.

- **관련 교과** : 사회
- **교수·학습 방법** : 관찰, 조사, 창작법(그리기)
- **주제** : 학교숲에서 보물찾기, 학교숲과 관계 맺기
- **활동 목표** : 인식, 기능

활동 목표

- 학교라는 장소에 대한 장소감을 발달시킨다.
- 지도 그리기, 지도 읽기를 통해서 방향이나 위치를 익힌다.
- 일상적으로 지나치는 소재에 대해 지도 그리기를 함으로써 학교를 새로운 시각으로 볼 수 있도록 한다.

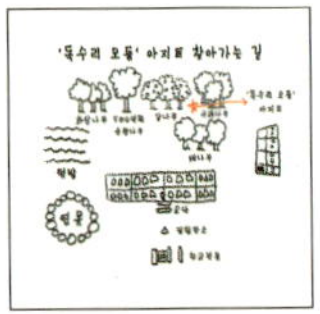
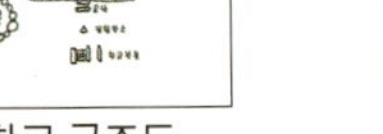
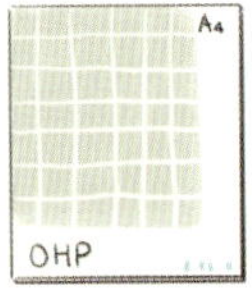

학교 구조도   OHP 필름   다양한 색깔의 네임펜   OHP 프로젝터

1. 학교 지도 그리기 1

① 4~5명씩을 한 모둠으로 정하게 하고 각 모둠에 학교의 구조가 그려져 있는 종이를 나누어 주도록 한다.

② 각 모둠은 학교 내의 무엇을 중심으로 지도를 그릴 것인가를 논의하게 한다.

   (예_ 학교 내에 있는 나무, 쓰레기통, 벤치, 학교 내에 있는 운동기구 등)

③ 지도의 소재를 정했다면 각 모둠은 학교를 돌아다니면서 모둠에서 정한 것들이

어디에 있는지 확인하고 하나도 빠지지 않고 지도에 정확히 표시하도록 한다.

④ 지도 그리기 과정이 끝나면 다시 한자리에 모여 각 모둠에서 그린 지도를 발표하도록 한다.

⑤ 우선 다른 모둠에게 지도를 보여 주고, 무엇을 표시한 지도인지 생각해 볼 수 있는 시간을 주고 맞춰 보게 한다.

⑥ 다른 모둠에서 무슨 지도인지를 맞추지 못한다면 약간의 힌트나 퀴즈를 주어 맞힐 수 있도록 한다.

⑦ 발표자는 지도에 대해 설명해 준다.

  가. 무엇에 대한 지도인가?

  나. 지도의 중심이 되는 소재가 학교 내에 몇 개가 있는가?

  다. 학교 내의 어디에 주로 분포하고 있는가?

  라. 왜 그 곳에 배치된 것일까?

2. 학교 지도 그리기 2

① 학생들을 4~5명이 되는 모둠으로 나눈다.

② 각 모둠에서 지도에 나타낼 특정한 소재를 선정하도록 한다.

③ 소재 선정이 끝나면 각 모둠에서 어떤 것을 그리기로 했는지에 대해 발표해 본다.

④ 겹치는 것이 있다면 조정하여 모둠별로 각각 다른 소재를 정할 수 있도록 한다.

⑤ 각 모둠별로 다른 소재가 정해졌다면 대강의 학교 구조가 그려져 있는 종이 한 장과 수기용 OHP용 투명필름을 각 모둠에 한 장씩 나누어 주도록 한다.

⑥ 모둠에서는 학교의 구조가 그려져 있는 종이 위에 OHP 필름을 올리고 테이프를 이용하여 붙이도록 한다.

⑦ 각 모둠은 학교를 돌아다니면서 정한 소재가 어디에 있는지 위치를 찾아보고 OHP 필름 위에 표시한다.

⑧ 지도를 그리고 난 후 학생들은 교실로 돌아와서 지도에 대한 발표를 한다.

  가. 무엇에 대한 지도인가?

나. 현재 지도의 중심이 되는 소재가 학교 내에 몇 개가 있는가?

다. 학교 내의 어디에 주로 분포하고 있는가?

라. 왜 그 곳에 배치된 것일까?

⑨ 발표 후에 각 모둠은 종이와 OHP 필름을 분리하여 OHP 필름만을 제출한다.

⑩ 교사는 OHP 필름을 모아서 맨 아래쪽에 학교의 구조가 그려져 있는 종이를 두고 그 위에 각 모둠에서 작성한 지도를 차례대로 포개어 올려놓아 학교 전체의 지도를 볼 수 있게 된다.

기대 효과

① ○○○ 지도 그리기는 학교 내의 사물들에 대한 관찰력을 높여 준다.
② 학교를 다니면서 평소에 그냥 지나치던 것들에 대해 새로운 관심을 가지고 볼 수 있게 함으로써, 주변 환경을 새롭게 인식할 수 있다.
③ 교내에 무엇이 얼마나 있는지를 살펴보고, 또 왜 거기에 배치되어 있는지에 대해서 생각해 보고 이야기하는 시간을 갖는 것도 좋다.
④ 학교에서 너무 많이 있다고 생각되는 것들과 부족하다고 생각되는 것들을 찾아볼 수도 있다. 예를 들어 학교의 쓰레기통 등을 조사하는 경우, 전체 학교에 쓰레기통의 수가 몇 개일까 생각해 보고, 배출되는 쓰레기의 양, 쓰레기통이 많이 필요한 곳이 어디인가 등에 대해서 생각해 보는 것도 좋다.

 **활동 도우미**

이 활동에서는 OHP용 투명필름을 사용하고 있는데, 만일 이 필름이 없거나 OHP 기기를 사용할 수 없다면 A4 용지나 다른 백지에 컬러펜을 이용하여 활동하게 하고, 그 결과물을 디지털카메라로 찍고 컴퓨터로 옮겨 함께 보는 방법을 사용할 수도 있다.

교육 과정과의 연계성
슬기로운 생활 2학년 2학기 1. 우리 마을
과학 3학년 1학기 1. 우리 주위의 물질

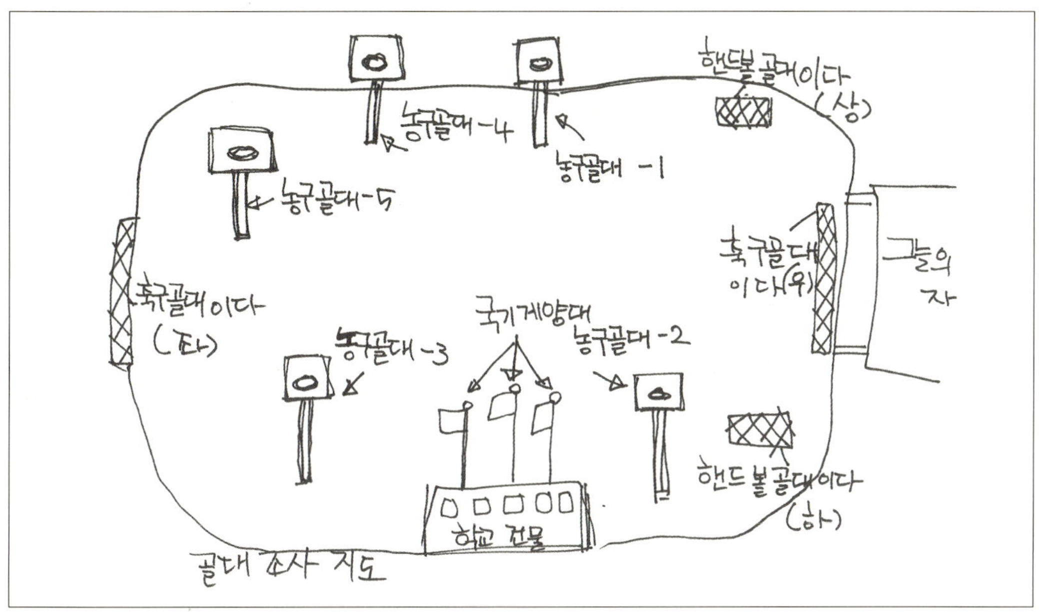

학교 운동장에 있는 골대 지도

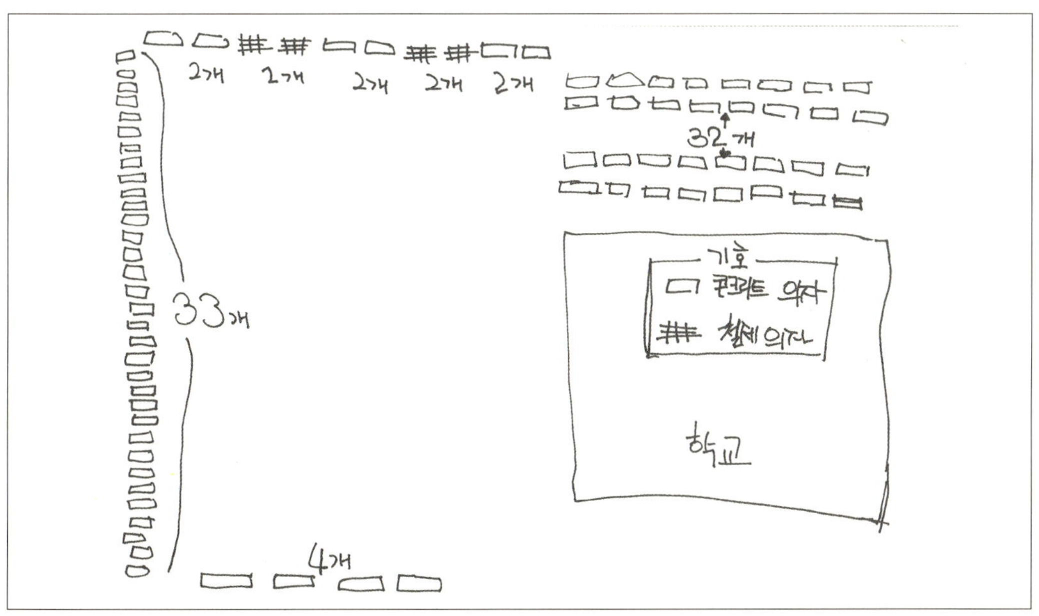

학교 운동장에 있는 의자 지도

학교숲 교환상자

이런 활동이에요

학교숲은 전국적으로 계속 늘어 가고 있는 추세에 있다. 학교숲 교환상자는 전국적으로 퍼져 있는 학교숲을 연결시켜 주는 네크워크 활동으로 학교가 서로 교류할 수 있는 장이 될 수 있다. 전국에 퍼져 있는 학교숲과의 연계 활동을 통해 학생들에게는 다른 지역의 환경에 대해서 알 수 있도록 해 주고 학교숲을 가꾸는 데 있어서 서로의 경험을 교환할 수 있도록 한다.

- **관련 교과** : 과학, 사회, 국어, 지리
- **교수·학습 방법** : 프로젝트법
- **주제** : 학교숲 보물찾기, 학교숲과 우리 마을, 학교숲과 관계 맺기
- **활동 목표** : 인식, 태도, 참여

활동 목표

- 학교숲 운동의 목표와 취지에 대해서 이해하고 그 중요성을 파악한다.
- 다른 학교의 학교숲 운동을 살펴보고 경험과 지식을 함께 공유한다.
- 교환상자를 통해서 학교숲 커뮤니티를 만든다.
- 다른 지역의 자연환경에 대하여 이해한다.

튼튼한 상자

상자 속에 넣을
다양한 것들

교환 대상 학교 주소

1. 교환상자 만들기

① 교사는 활동을 하기 전에 '학교숲 교환상자'의 활동을 함께할 수 있는 다른 학교들을 찾아본다.

② 학교숲 시범 학교로 선정된 학교 목록을 확인한 후에 다른 학교숲 담당 교사와 사전에 연락을 취하도록 한다.

③ 교사가 대상 학교 선정을 마치면 학생들에게 다른 학교와 학교숲 관련한 자료를 수집하여 교환할 것이라고 말해 준다.

④ 우리 학교숲을 어떻게 알릴 수 있는지에 대해서 생각해 보게 한다.

⑤ 학생들과 함께 교환상자에 포함시킬 항목을 자유롭게 의견을 나누도록 한다.

> ❀ **교환상자 목록의 예** ❀
>
> - 학생들이 직접 작성한 우리 학교숲에 대한 설명자료
> - 학교숲에 관한 그림
> - 학교숲 관련 기사
> - 학교숲에서 찾아볼 수 있는 동식물 사진
> - 학교숲에서 만날 수 있는 새들의 소리를 녹음한 자료
> - 내가 꿈꾸는 학교숲 또는 우리 학교숲에 대한 글
> - 학교숲 사진 및 관련 동영상
> - 학교숲 조성에 대한 기록
> - 학교숲에서 수집할 수 있는 자연물(단풍잎, 열매, 씨앗 등)
> - 학교숲을 관찰한 관찰 일지 또는 야외 조사자료
> - 학교 지도, 학교숲 가이드북, 학교 신문 등

⑥ 상자에 담을 목록이 정해지면, 각 재료에 대해서 각자 또는 모둠을 만들어 준비하도록 한다.

⑦ 준비가 끝나고 내용물이 모아지면 교환 대상 학교로 교환상자를 보낸다.

⑧ 학교숲의 교환상자를 기다리는 동안, 대상이 되는 학교에 대해서 또는 학교가 있는 지역에 대해서 학생들과 이야기해 본다.

⑨ 교환 대상 학교의 상자가 도착하면 상자를 열어서 무엇이 들어 있는지 내용물을 살펴본다.

⑩ 교환상자 안에 들어 있는 내용물을 보고, 대상 학교를 상상한 뒤 이야기를 나눈다.

2. 교환상자 느낌 나누기

① 교환상자의 개봉에 대하여 지역 신문 또는 학교 신문에 학생들이 기사를 쓸 수 있도록 한다.

② 가장 좋았던 것에 대해서 말로 묘사하거나 또는 글로 표현할 수 있도록 한다.

③ 내용물을 바탕으로 대상 학교의 환경을 상상하여 그림으로 그려 보도록 한다.

④ 내용물을 바탕으로 하여 대상 학교의 지역 또는 학교숲에 관한 모험에 관한 글과
   같은 상상적인 이야기를 꾸며 보도록 한다.

3. 다른 학교숲 방문하기

① 교환상자를 서로 주고받은 학교숲을 특별 활동이나 소풍 시간을 활용하여 직접
   방문해 보거나 또는 학교숲 축제를 기획하여 방문의 기회를 갖도록 한다.

② 교환상자를 주고받은 학교숲을 직접 방문하여 방문 전에 생각했던 학교숲과 비교
   하여 본다.

③ '어깨동무 학교숲'을 만들어 꾸준히 지속적으로 연계한 네트워크를 구성한다.

기대 효과

① 근교의 학교숲 지역이 아니라 먼 거리에 떨어져 있는 학교숲 지역과 상자를 교환하는 경우,
   내용물에 있어서 더 다양하고 색다른 것을 교환할 수 있어 학생들이 흥미를 가질 수 있다.

② 이 활동은 다른 학교숲과의 교환상자를 통해, 다른 지역의 환경이 우리 환경과 어떻게 다른지
   알 수 있을 뿐만 아니라 다른 지역 학교숲과의 교류를 통해 네트워크를 구성할 수 있다.

활동 도우미

① 교사는 교환상자가 상대 학교에 잘 전달되었는지 반드시 확인한다.

② 어떤 지역에서는 동식물이 외부로 나가는 것이 문제가 되기도 한다. 동물이나 식물의
   견본을 보내기 위해서는 사전에 지역 내의 관리 부서에 문의하도록 한다.

교육 과정과의 연계성
국어(쓰기) 1학년 2학기 셋째마당. 내가 만들었어요
국어(읽기) 3학년 2학기 셋째마당. 커 가는 우리
과학 5학년 1학기 5. 꽃/5학년 1학기 9. 작은 생물
사회 6학년 2학기 3. 새로운 세계에서 우리가 할 일

가을

가을은 수확의 계절이며 숲이 겨울을 준비하기 위한 시간이라고 할 수
있다. 가을 숲에는 많은 열매들이 있으며, 이들 열매는 다른 동물들의 먹이가 되
고 또 일부는 사람들이 먹을 수도 있다. 이들 열매 속에는 씨가 들어 있으며, 이를 통해
식물은 자손을 만들게 된다. 숲을 구성하는 많은 생물들이 추운 겨울을 이겨내기 위해서는 월
동 준비가 필요하며, 생물들은 각자 저마다의 다양한 방법으로 겨울 준비를 하게 된다. 식물들은
잎을 노랗고 붉은색으로 물들이고, 더 시간이 지나면 낙엽이 되어 떨어지며, 동물들은 먹이를 많이
먹고 겨울잠을 잘 준비를 하는 등 여러 준비를 하게 된다.

가을 학교숲에서는 단풍, 기후, 수확, 겨울 준비 등의 주제로 여러 가지 활동을 할 수 있다. 먼저 **낙
엽은 왜 질까요?**, **단풍잎 손수건 만들기**, **단풍잎 표본 만들기**, **울긋불긋 가을숲** 등의 활동을 단풍이
왜 드는지, 학교숲 나무들의 단풍색은 어떠한지를 탐색하고, **알아맞혀 봅시다**, **가을 열매들의 변신**
등을 통해 학교숲 내 열매들과 수확의 개념을 알아본다. **솟대를 만들어 봅시다**, **부엽토 만들기** 등
만들기 활동도 하며, **학교숲 소리 지도 그리기**, **학교숲을 노래하자**, **내가 찍은 학교숲** 등의 활
동을 통해 학교숲을 학생들의 생활과 연계하여 본다.

가을에는 기후가 서늘하고 야외 활동을 하기에 적합하다. 따라서 낙엽 및 단풍과 관
련된 여러 활동, 열매와 관련된 활동 등 야외에서 수행하기에 적합한 활동
이 많으며, 또 만들기 활동 등은 야외와 실내 공간을 고루 이용
할 수 있다.

낙엽은 왜 질까요?

이런 활동이에요

가을에 되면 단풍이 들고 잎이 떨어지는 나무가 있고, 한겨울에도 푸른 잎을 달고 있는 나무들도 있다. 낙엽이 지는 이유를 알아보고 이들 두 나무의 차이를 살펴보도록 한다.

- **관련 교과** : 과학
- **교수·학습 방법** : 관찰
- **주제** : 학교숲 알기
- **활동 목표** : 지식, 인식

활동 목표

- 낙엽이 지는 이유를 안다.
- 낙엽이 지는 나무와 낙엽이 지지 않는 나무의 차이를 안다.
- 낙엽이 숲에서 어떤 역할을 하는지 이해한다.

이런 것이 필요해요

활동지   필기구   수목도감

① 나뭇잎에 단풍이 드는 것, 낙엽이 지는 것 등 가을에 숲에서 볼 수 있는 현상에 대해서 이야기한다.

② 낙엽이 지는 이유에 대해서 생각해 보게 한다.

③ 나무에서 잎이 떨어지는 것은 나무가 겨울을 준비하기 위함이라는 것을 설명해 준다.

④ 두 명이 한 모둠이 되어 학교숲에서 낙엽이 지는 나무와 낙엽이 지지 않는 나무를 찾아본다.

⑤ 두 나무의 차이를 활동지에 기록한다.

　　가. 나무의 이름은 무엇인가?

　　나. 잎은 어떻게 생겼는가? (직접 그리거나 테이프로 붙이기)

　　다. 각 나무의 특성을 기록해 본다.

⑥ 함께 모여 학생들이 찾아온 나무 중에 낙엽이 지는 나무와 낙엽이 지지 않는 나무의 차이점을 찾아본다. 이때 낙엽이 지는 나무는 대부분 잎이 넓은 활엽수이고, 낙엽이 지지 않는 나무는 대부분 바늘잎을 가진 침엽수임을 알 수 있도록 한다.

⑦ 침엽수가 낙엽이 지지 않는 이유에 대해서 학생들과 이야기한다. 이때 다음에 대해서도 질문한다.

가. 침엽수는 낙엽이 지지 않을까?

나. 낙엽이 지는 침엽수는 없을까?

기대 효과

① 가을에 낙엽이 지는 이유를 이해하고 나무가 겨울을 어떻게 준비하는지에 대해서 알 수 있다.
② 나무에 따라 낙엽이 지는 시기와 방법, 이유가 다르다는 것을 안다.

 ## 활동 도우미

① 낙엽이 지는 기작(메커니즘)은 학생들에게 어려울 수 있으므로 학생들의 연령에 따라 쉽게 이해할 수 있도록 설명해 준다.
② 낙엽이 지는 방법이나 형태 등이 종류마다 다르다는 것을 알려 준다.
③ 잎을 그리지 않고 붙일 때에는 활동 자료에 양면테이프를 미리 붙여 두도록 한다.
④ 심화 활동으로 다음의 내용을 포함할 수 있다.

ㄱ. 숲에서 낙엽이 어떻게 활용되는지 알아본다.

ㄴ. 봄과 여름이 되면 숲에서 낙엽이 사라지는 이유가 무엇인지 생각해 보게 한다.

ㄷ. 낙엽은 어디로 사라졌는지에 대해 발표하도록 한다.

ㄹ. 낙엽은 숲에 사는 미생물에 의해 분해되고 썩어 다시 좋은 거름이 된다는 것을 이해시킨다.

교육 과정과의 연계성
슬기로운 생활 2학년 2학기 3. 주렁주렁 가을 동산/2학년 2학기 4. 겨울을 따뜻하게 보내려면

	낙엽이 지는 나무	낙엽이 지지 않는 나무
나무 이름		
나무의 잎 모양		
특징		

가을에는 왜 단풍이 들까?

가을이 시작되면 먼저 기후 조건이 변하게 된다. 온도가 낮아지고 하루의 낮 시간도 짧아지면서 햇빛도 적어지게 된다. 이때 나뭇잎과 가지 사이에 잎이 쉽게 떨어질 수 있도록 하는 분리층(分離層)과 나뭇가지를 보호하는 보호층(保護層)이 형성된다. 이러한 분리층이 형성되면 나뭇잎은 광합성을 통해 만들어 낸 녹말(탄수화물)이 계속 쌓이고, 잎 안의 엽록소가 분해되면서 녹색이 점점 사라지게 된다. 대신 엽록소 때문에 보이지 않던 카로티노이드(카로틴과 크산토필)와 같은 색소가 나타나 나뭇잎이 노란 색조로 보이게 된다. 또한 식물 세포의 세포질에서 생성되는 수용성의 안토시아닌이라는 색소는 나뭇잎뿐만 아니라 과실, 줄기, 뿌리를 붉은 색조(붉은색, 자주색 또는 푸른색)로 보이게 한다. 이때 나타나는 아름다운 나뭇잎의 색깔을 '단풍'이라고 한다.

단풍의 색이 아름다우려면?

가을 단풍의 아름다움을 결정하는 환경적인 인자는 온도, 햇빛, 그리고 수분의 공급이다. 흔히 낮과 밤의 온도차가 커야 하나, 0℃ 이하로 내려가면 안 된다. 하늘은 청명하고 일사량이 많아야 한다고 하지만, 나무의 생육 상태가 좋은 경우라면 위에서 말한 기상 조건이 아름다운 단풍 색깔의 제한 요인이 될 것이다. 특히 붉은색의 안토시아닌은 영하로 내려가지 않는 범위에서 온도가 서서히 내려가면서 햇빛이 좋을 때 가장 색채가 좋다. 또한 너무 건조하지 않은 알맞은 습도를 유지해야 아름다운 단풍을 볼 수 있을 것이다. 단풍이 들기 시작하고부터는 매일의 온도에 의해 진행 속도가 달라지는데 산에서는 산마루부터 시작해 계곡 쪽으로, 지역별로는 고위도인 북쪽에서 점점 남쪽으로 내려오게 된다.

단풍이 아름다운 지역

우리나라의 가을은 아름다운 단풍의 조건에 맞는 날씨를 갖고 있다. 이처럼 아름다운 단풍을 볼 수 있는 지역은 세계적으로 그리 많지 않다. 그것은 단풍 들기에 적당한 기상 조건을 가진 지역이 많지 않기 때문이다. 이러한 곳은 우리나라 외에 중국, 일본을 포함한 동북 아시아, 캐나다 남동부 지역 및 미국 북동부 지역 등으로 널리 알려져 있다.

이 참고 자료는 산림청 홈페이지를 참고함. http://www.forest.go.kr/foahome/user.tdf?a=common.HtmlApp&c=1001&page=/html/kor/study/sense/sense_030_120.html&mc =WWW_STUDY_SENSE_030

🍁 침엽수도 낙엽이 진다

가을이 되면 대부분의 나무가 수분을 빼앗기지 않고 에너지 소비를 줄이는 방안으로 나뭇잎을 떨어뜨린다. 그렇다고 모든 나무가 겨울이 되면 나뭇잎을 떨어뜨리는 것은 아니다. 겨울에도 푸른 잎을 가지고 있어서 크리스마스트리로 쓰이는 전나무처럼, 숲에는 '상록수'라고 불리는 1년 내내 푸르게 살아가는 나무가 있다. 많은 나무들이 낙엽을 떨어뜨려서 나뭇가지만 남아 있는 겨울에도, 상록수는 푸른색의 잎을 간직한 채 외롭게 숲을 지킨다.

하지만, '상록수'도 영원히 낙엽이 지지 않는 것은 아니다. 사실은 1년 내내 조금씩 낙엽이 지기 때문에 우리가 잘 알아볼 수가 없어서 낙엽이 지지 않는 것으로 잘못 알고 있는 것이다. 소나무 잎의 수명은 2년이기 때문에 소나무에 새잎이 돋아 일년생이 되면 그 전해에 났던 이년생 잎은 떨어지게 되고 새잎은 그 이듬해까지 푸르름을 간직한 채 나무에 달려 있다. 그리고 이년생 잎이 수명이 다해 떨어질 시기가 되면 또다시 새잎이 피어날 준비를 하기 때문에 소나무 가지에는 항상 일년생이나 이년생의 잎이 달려 있게 되어 겨울에도 푸른빛을 간직할 수 있기 때문이다.

🍁 낙엽이 지는 침엽수

침엽수 중에서도 낙엽이 지는 나무가 있다. 낙엽송은 가을에 노랗게 잎이 물들면서 낙엽이 진다. 이렇게 가을이 되면 '잎을 간다'고 하여 잎갈나무 혹은 이깔나무라고 불리기도 한다. 낙엽송 이외에 낙우송, 메타세쿼이아 등도 침엽수이면서 낙엽이 지는 나무이다.

이 참고 자료는 유한킴벌리 우리숲 홈페이지를 참고함. http://kids.woorisoop.org/info/info03_view.asp?page=1&Seq=171&gb=tree&sa
=&sk=

단풍잎 손수건 만들기

이런 활동이에요

사계절이 뚜렷한 우리나라는 가을이면 울긋불긋한 단풍이 진다. 이 시기에 나뭇잎들은 노란색, 붉은색 등 다양한 색으로 단풍이 든다. 이 활동은 천에 단풍의 탁본을 떠서 색을 빼내는 활동으로, 탁본을 뜨는 동안 잎을 자세히 관찰할 수 있을 뿐만 아니라 오랜 시간 단풍 든 잎을 보관할 수 있다.

- **관련 교과** : 미술
- **교수·학습 방법** : 창작법(만들기)
- **주제** : 학교숲에서 보물찾기
- **활동 목표** : 인식, 기능

활동 목표

- 나뭇잎들이 어떤 색으로 단풍이 지는지 안다.
- 각각의 잎들이 다양한 모양을 가지고 있음을 안다.

이런 것이 필요해요

고무받침 또는 나무판

고무망치

손수건

① 가을이 되면 나뭇잎들의 색이 바뀌는 것을 무엇이라고 하는지 물어본다.

② 주변의 나뭇잎들이 어떤 색을 내고 있는지 알아본다.

    가. 노란색 단풍을 가진 나무는 어떤 것이 있는가?

    나. 붉은색 단풍을 가진 나무는 어떤 것이 있는가?

    다. 그 외의 단풍 색깔들은 어떤 것이 있는가?

③ 학생들에게 주변에서 마음에 드는 단풍잎을 가져오게 한다.

④ 고무받침 위에 단풍잎을 올려놓고 그 위에 손수건을 올려놓는다.

⑤ 잎과 손수건이 움직이지 않게 잡고 고무망치를 이용하여 잎의 가장자리에서 가운데로 두들겨 탁본을 뜬다.

⑥ 여러 개의 잎을 이용하여 사람 얼굴이나 동물과 같은 다양한 모양으로 탁본을 뜰 수도 있다.

⑦ 만들어진 손수건을 잘 펴서 액자에 넣어 보관하면 아름다운 장식품이 되기도 한다.

① 잎의 탁본을 뜨면서 잎의 모양과 잎맥 등을 관찰할 수 있는 기회를 갖게 된다.
② 다양한 색깔의 단풍잎을 관찰할 수 있다.

활동 도우미

① 단풍잎을 가져오라고 할 때, 가지를 꺾어 온다거나 또는 너무 많은 개수의 잎을 가져오지 않게 주의를 준다.
② 고무받침 위에 흰 종이를 깔고 나뭇잎을 올려 두면 잎이 더 잘 보여서 두들기기가 쉽다.
③ 잎을 두들길 때는 잎의 끝부분이 가운데로 가게 두들기게 한다. 너무 세게 두들기면 잎 모양이 살아나지 않고 뭉개질 수 있다.
④ 고무판을 구할 수 없다면 평평하고 단단한 나무판이나 책받침을 사용해도 좋다.
⑤ 고무망치가 없으면 단단한 것으로 두드릴 수 있는 것이면 된다. 굵은 나뭇가지를 적당한 크기로 잘라서 쓸 수도 있고, 또는 수저를 이용해도 된다.
⑥ 두드리는 활동을 교실 내에서 진행하면 다른 학급에 방해가 되므로 되도록 야외 활동으로 진행하는 것이 좋다.
⑦ 잎이 탁본된 손수건의 색을 그대로 유지하기 위해서 천연 염색에서 사용했던 명반 등을 사용할 수도 있다.

심화 활동
① 단풍잎이 아니고, 여름에 푸른 잎으로도 진행할 수 있다.
② 봄철에는 꽃을 이용하여 손수건 만들기를 할 수 있다.

교육 과정과의 연계성
슬기로운 생활 1학년 2학기 3. 가을 마당/2학년 2학기 3. 주렁주렁 가을 동산
즐거운 생활 2학년 2학기 6. 가을 풍경
과학 3학년 2학기 1. 식물과 잎의 줄기
미술 5학년 2. 전체와 부분

단풍잎 표본 만들기

이런 활동이에요

여러 가지 색으로 물들어 있는 단풍잎을 표본으로 만들어서 보관하는 활동이다. 간단한 표본 만들기 작업으로 학교숲에 어떤 나무가 있는지 그리고 가을에는 잎들이 어떤 색깔로 물드는지 알아본다. 표본 자료는 실제로 교과 학습의 후속 활동에 좋은 자료가 된다.

- **관련 교과** : 과학
- **교수·학습 방법** : 관찰, 창작법(만들기)
- **주제** : 학교숲 알기, 학교숲에서 보물찾기
- **활동 목표** : 지식, 인식, 기능

활동 목표

- 학교숲에 어떤 식물들이 있는지 안다.
- 나뭇잎 모양에는 어떤 것들이 있는지 안다.
- 나뭇잎 도감 만드는 방법을 안다.
- 가을에 물드는 나뭇잎의 단풍 색깔이 다양함을 안다.

이런 것이 필요해요

 신문지
 스케치북(15×11cm)
 필기구
 무광택 투명테이프
 수목도감
 지퍼백
 전정가위

① 나무는 저마다 다른 모양의 잎을 가지고 있음을 알려 준다.

② 지퍼백과 전정가위를 들고 학교숲으로 들어간다.

③ 학교숲에 있는 단풍잎 중 적당한 크기의 나뭇잎을 한두 개 전정가위로 잘라 지퍼백에 담는다.

④ 교실로 가지고 들어와서 수집한 나뭇잎들을 스케치북 사이에 넣고 무거운 책으로 눌러 준다.

⑤ 3일 정도 후에 잎들이 건조됐는지 확인하고 테이프를 이용하여 붙여 주도록 한다.

⑥ 수목도감을 이용하여 나무를 확인하고 특징, 개화 시기, 열매 모양 등을 알아본다.

⑦ 잎을 붙인 아래에 식물의 이름과 특징, 채집 날짜, 장소를 기록해 둔다.

① 나무마다 다른 모양으로 발달하는 잎을 자세히 관찰할 수 있다.
② 도감에 어떤 내용들이 들어가는지에 대해서 알 수 있다.
③ 만들어진 도감은 다음 교육 때 유용하게 사용될 수 있다.

활동 도우미

① 스케치북은 종이가 두꺼워 수분을 흡수하는 능력이 좋아서 스케치북(디자인북)을 활용하면 표본 만들기가 수월하다.
② 잎 채취 시 표본을 만들기 위한 것이라 말하고 많은 잎을 잘라 내지 않도록 주의를 준다.
③ 잎을 채취할 때, 되도록 식물의 특징이 잘 살아 있고 모양이 정확하고, 벌레 먹지 않은 것을 고르게 한다.
④ 테이프를 붙일 때에는 되도록 잎자루에 붙이는 것이 좋다.
⑤ 심화 활동으로 다음의 내용을 포함할 수 있다.
　ㄱ. 계절을 연계한 활동으로 진행한다.
　ㄴ. 봄, 여름, 가을(또는 겨울) 동안에 잎의 변화를 볼 수 있도록 계절별로 잎을 채취하여 표본을 만들 수도 있다.
　ㄷ. 봄에 잎이 나오기 시작하여 초록색 잎일 때 채취하여 표본을 만들어 두고, 표본용 스케치북의 바로 뒷장 2~3쪽에는 여름, 겨울이라고 쓰고 비워 두도록 한다.
　ㄹ. 비워 둔 공간에 여름 나뭇잎을 수집하여 도감을 만들고, 가을에 단풍잎을 수집하여 표본으로 만들어서 계절에 따라 나뭇잎 색깔이 어떻게 달라지는지를 비교할 수도 있다.

교육 과정과의 연계성
슬기로운 생활 1학년 1학기 1. 봄나들이/1학년 2학기 3. 가을 마당/2학년 2학기 3. 주렁주렁 가을 동산
즐거운 생활 2학년 2학기 6. 가을 풍경
과학 3학년 2학기 1. 식물과 잎과 줄기/5학년 1학기 5. 꽃

울긋불긋 가을숲

이런 활동이에요

가을은 봄과 더불어 숲에서 많은 색을 찾을 수 있는 계절이다. 단풍이 드는 이유를 알아보고, 가을에 다양하게 나타나는 자연의 색을 찾아서 색상표와 비교해 보고 팔레트를 만들어 볼 수 있다. 학교숲에서 가을에 볼 수 있는 색깔들을 찾아보자.

- **관련 교과** : 미술
- **교수·학습 방법** : 창작법(만들기)
- **주제** : 학교숲에서 보물찾기
- **활동 목표** : 인식

활동 목표

- 단풍이 드는 이유에 대해서 안다.
- 단풍이 드는 과정을 이해한다.
- 가을 학교숲에서 볼 수 있는 단풍 색깔을 찾아본다.

이런 것이 필요해요

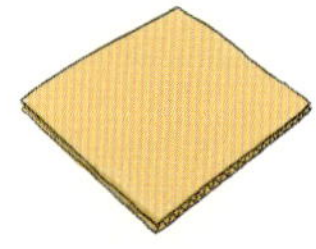

두꺼운 골판지

가위

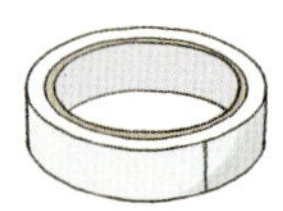

양면테이프(넓은 것)

필기구

1. 단풍 든 나무 관찰하기

① 가을에 숲을 울긋불긋하게 물들이는 '단풍이 드는 이유'를 알아본다.

② 4~5명을 모둠으로 구성한다.

③ 각 모둠은 학교숲에서 볼 수 있는 나뭇잎 색을 찾아보고, 어떤 나무가 어떤 색을 가지고 있는지 기록해 보거나 잎을 채취해서 붙여 본다(활동지 1).

④ 각 모둠은 단풍이 들어 있는 나무 한 그루를 정하고 지속적으로 나뭇잎을 관찰한다.

가. 한 나무에 달려 있는 잎을 자세히 관찰해 보면 초록이 다 같은 초록이 아니고, 붉은 단풍이 다 똑같은 색이 아니라고 설명해 주고 나무에 달려 있는 잎을 잘 관찰하게 한다.

나. 단풍이 드는 과정에서 시기에 따라 다양한 색을 나타나게 된다.

　　(예_단풍잎: 초록→노랑→빨강)

다. 일정한 시간 간격을 두고 또는 나뭇잎을 관찰하고 채취하여 책 사이에 끼워서 건조시킨다.

라. 건조를 마치면 날짜를 쓰고 날짜 순서대로 양면테이프 또는 테이프를 이용하여 잎을 붙인다(활동지 2).

마. 시간이 지남에 따라 색깔이 어떻게 달라지는지 살펴본다.

2. 가을색의 팔레트 만들기

① 학교숲에 들어가서 숲에서 볼 수 있는 색깔이 무엇인지 학생들에게 자유롭게 말
   하도록 하고 화이트보드에 적어 본다.

② 골판지에 팔레트 모양을 그린 후 가위로 모양대로 오린다.

③ 골판지 위에 양면테이프를 붙이고 숲에서 볼 수 있는 색을 모
   아서 붙인다.

④ 잎 모양 전체를 붙여도 좋지만 잘게 찢어서 가루를 내서 붙여
   도 좋다.

⑤ 잎뿐만 아니라 흙의 색깔, 떨어진 낙엽 등 다양한 색깔을 붙여 본다.

⑥ 각자 팔레트의 색깔을 채우고 나면 누가 더 많은 수의 색을 찾았는지 서로 비교해
   보도록 한다.

⑦ 특이한 색이 있다면 학생들에게 그 색이 어디서 온 것인지 생각해 보게 하고, 그
   색을 찾아온 학생에게 어디서 찾은 색인지 발표하게 한다.

기대 효과

① 단풍이 드는 과정을 이해하고, 수종마다 다른 방법으로 단풍이 든다는 것을 이해할 수 있다.

② 초록이 다 같은 초록이 아니듯이 숲은 다양한 색깔을 가지고 있다. 숲의 다양한 색을 세심하게 관찰할 수 있는 기회를 가질 수 있다.

③ 다양한 색깔로 단풍이 드는 가을 숲의 아름다움을 안다.

활동 도우미

① 활동 전에 단풍이 드는 이유나 과정에 대해서 이해시키도록 한다.

② 색을 붙인다고 너무 많은 잎을 수집하지 않도록 한다.

교육 과정과의 연계성
슬기로운 생활 1학년 2학기 3. 가을 마당/2학년 2학기 3. 주렁주렁 가을 동산
즐거운 생활 2학년 2학기 6. 가을 풍경
미술 4학년 1. 자연의 색

빨강색			
주황색			
황색			
노랑색			
초록색			
갈색			

나무 이름	

월 일	
월 일	
월 일	
월 일	
월 일	

단풍색은 보통 붉은색, 노란색, 갈색의 3가지가 많다. 붉은색의 아름다움은 단풍나무, 신나무, 붉나무, 화살나무, 복자기, 담쟁이덩굴 등이 손꼽히고, 노란색은 은행나무를 비롯해 아까시나무, 피나무, 튤립나무, 생강나무, 자작나무 등이 좋으며, 고로쇠와 우산고로쇠는 맑은 갈색을 나타낸다.

노란색, 붉은색의 아름다움 못지않게 늦가을에 절정을 보이는 참나무류나 너도밤나무, 느티나무의 노란 갈색은 가을다움을 표현하기에 적당하다. 단풍 색깔이 이처럼 나무 종류별로 다른 것은 각각의 색소의 종류와 함유량의 차이 때문이다.

은행나무	벚나무	모과나무	단풍나무
개옻나무	단풍나무	신나무	느티나무

예를 들어, 은행잎은 노란색을 포함한 여러 가지 색소를 포함하고 있는데 여름에는 왕성한 광합성 작용으로 인해서 노란색의 색소는 보이지 않고 초록색 색소만 보이다가 가을이 되면서 햇빛의 양과 수분이 줄어들면서 엽록소가 파괴되고, 노란색 색소(카로티노이드)가 나타나게 된다.

이 참고 자료는 산림청 홈페이지를 참고함. http://www.forest.go.kr/foahome/user.tdf?a=common.HtmlApp&c=1001&page=/html/kor/study/sense/sense_030_120.html&mc =WWW_STUDY_SENSE_030

알아맞혀 봅시다

🌱 초등 고학년 ⏰ 3차시 🏫 학교숲, 교실 😊 가을

이런 활동이에요

학교숲의 가을 나무들은 이제 서서히 씨앗을 만들기 시작하기도 하고, 이미 씨앗을 만들어 품고 있기도 하다. 어떤 씨앗은 바닥에 떨어져 있기도 하다. 나무들의 씨앗을 살펴보고, 어떤 모양과 모습으로 있는지, 어떻게 씨앗이 퍼져 또 다른 어린나무를 싹 틔우게 될지 알아본다.

- **관련 교과** : 과학, 미술
- **교수·학습 방법** : 실습, 관찰, 그리기
- **주제** : 학교숲 알기
- **활동 목표** : 지식, 인식

활동 목표

- 여러 가지 씨앗의 모양을 살펴보고 알아본다.
- 씨앗이 산포되는 방식의 다양함을 알고 이를 씨앗의 특징과 연계하여 이해할 수 있다.

이런 것이 필요해요

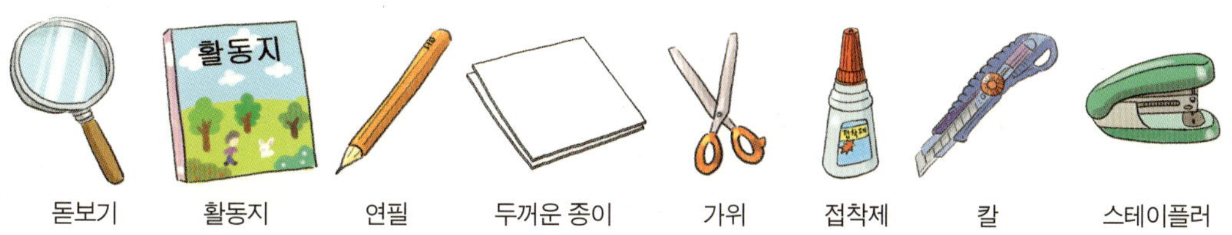

| 돋보기 | 활동지 | 연필 | 두꺼운 종이 | 가위 | 접착제 | 칼 | 스테이플러 |

1. 씨앗을 찾아봅시다

① 늦여름이나 가을이 되어 나무에 꽃이 지고 나면, 그 자리에 씨앗이 생긴다는 것을 알려 준다.

② 우리가 일상생활에서 볼 수 있는 씨앗에 대해 이야기한다.

③ 사과, 복숭아 등 과일의 대부분에도 씨앗이 들어 있음을 알려 주고, 왜 이러한 씨앗이 생기는지에 대해 생각해 본다.

④ 과일의 먹는 부분 즉, 과육이 안쪽에 있는 씨앗의 산포에 어떻게 영향을 미칠지 생각해 본다.

⑤ 과일뿐 아니라 여러 가지 종류의 모양과 특징을 가진 씨앗을 찾아본다.(활동지 2 참고)

⑥ 그림을 보면서 씨앗이 어떻게 다른 곳으로 이동하여 새로운 나무의 싹을 틔우게 되는지 이야기해 본다.

⑦ 학교숲에 나가 여러 가지 모양의 씨앗을 살펴보고, 땅에 떨어진 씨앗이 있으면 주

워 모아 보도록 한다.

⑧ 땅에 떨어지지 않은 씨앗은 활동지에 그림을 그리도록 한다.

⑨ 주워 모아 온 씨앗들도 활동지에 그림을 그리도록 하고, 유사한 형태의 씨앗을 모아 그룹을 만들어 본다.

2. 씨앗 상자 만들기

① 4~5명이 한 모둠이 되도록 모둠을 나눈다.

② 두꺼운 종이 혹은 하드보드지를 가로세로 40×30cm 크기로 잘라 바닥판을 만든다.

③ 높이가 약 10cm 정도 되게 상자의 옆면을 잘라 접착제로 붙여 뚜껑이 열린 상자를 만든다.

④ 상자 뚜껑을 만들어 덮을 수 있도록 한다.

⑤ 안쪽에 약 10개 정도의 칸이 되도록 칸막이를 세워 만든다.

⑥ 학교숲에 나가 각종 솔방울, 잣방울, 각종 씨앗 등을 주워 상자 안에 넣는다.

⑦ 씨앗의 종류가 많으면, 상자를 여러 개 만들도록 한다.

⑧ 교실에 모여 각자 만들어진 씨앗 상자를 열어 알아맞히기를 해 본다.

① 학교숲에 있는 나무들이 다양한 형태의 씨앗을 가지고 있음을 살펴보고 안다.
② 씨앗이 퍼지는 방법에 대해 이해한다.
③ 씨앗의 중요성에 대해 이해한다.

활동 도우미

① 씨앗 상자는 가능한 두꺼운 종이를 이용하여 상자가 쉽게 부서지거나 구겨지지 않도록

주의한다(가능하다면 나무 상자를 이용하는 것도 좋다).

② 씨앗을 모으고 담을 때에는 나무에 달려 있는 것을 일부러 따지 않도록 주의시킨다.

교육 과정과의 연계성
슬기로운 생활 1학년 2학기 3. 가을 마당 /2학년 2학기 3. 주렁주렁 가을 동산
과학 4학년 1학기 4. 강낭콩/5학년 2학기 3. 열매
체육 4학년 표현 활동 3. 덩 덕 덩덕

1. 우리가 집에서 먹는 과일에는 어떤 것들이 있을까요? 자기가 제일 좋아하는 과일은 어떤 과일인가요?

2. 과일을 먹고 나면 대부분의 과일에 있는 씨앗을 볼 수 있습니다. 그 씨앗은 어떤 모양이었나요? 씨앗을 반으로 쪼개 본 사람이 있다면, 어떤 모양이었을까요?

3. 씨앗이 왜 필요한지에 대해 생각해 봅시다.

4. 학교숲의 나무들이 가지고 있는 씨앗들을 살펴보고, 땅에 떨어진 씨앗을 주워 모아 봅시다.

학교숲에 나가 여러 가지 씨앗들을 살펴보고, 땅에 떨어진 씨앗들을 종류별로 주워 모아 봅시다. 주운 씨앗을 생긴 모양별로 모아 나누어 봅시다.

 **어떤 모양들이 있나요?**

씨앗들은 여러 가지 아주 영리한 방법으로 여행을 합니다.
어떤 방법들이 있을까요?

헬리콥터형
단풍나무
느릅나무
물푸레나무

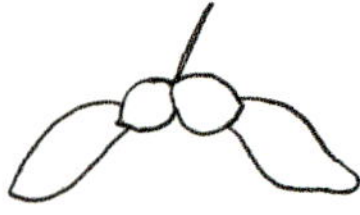

맛있는 열매형
사과
버찌류
장과류(포도 등)

히치하이커형
우엉류
도코마리류
가막사리류

닻형
코코넛
연꽃류

낙하산형
민들레류
엉겅퀴류

미사일형
괭이밥류
봉선화류
조롱나무류

 **씨앗의 모양을 그려 봅시다.**

씨앗은 어떻게 다른 곳으로 이동해서 새로운 식물로 다시 태어날 수 있을까요? 같이 한 번 생각해 봅시다.

주워온 씨앗이나 열매를 이용하여 재미있는 게임을 해 봅시다.

1. 솔방울 던지기 게임

① 깨끗하게 씻은 우유팩을 몇 개 준비한 후, 윗부분을 잘라내어 상자를 만든다.

② 만들어진 우유팩 상자에 각각 다른 색종이를 붙여 한눈에 구분이 가능하도록 하고 상자마다 점수를 다르게 표시한다.

③ 일정한 거리에서 우유팩을 향해 정해진 솔방울을 던져, 들어간 곳의 점수를 합산한다.

④ 일종의 투호 게임이라 생각하고 게임의 방법이나 점수 합산 방법 등은 상황에 맞게 변형시킬 수 있다.

2. 솔방울 싸움

① 야외에 학교숲이 잘 조성된 경우, 학생들이 직접 떨어진 솔방울을 많이 줍게 한다.

② 편을 나누어 눈싸움 형식으로 솔방울을 던져 상대팀을 맞추도록 한다.

③ 피구와 같은 방법으로 야외 활동을 할 수 있도록 한다.

④ 고학년보다는 저학년 아동에게 적합하다.

ⓒ 김진원

가을 열매들의 변신

이런 활동이에요

가을은 수확의 계절로 숲에 들어가면 많은 열매들을 볼 수 있다. 열매의 중요한 역할 중의 하나는 씨를 퍼뜨리는 것으로, 열매의 모양은 각각 씨가 멀리 날아갈 수 있는 형태로 발달되어 있다. 다양한 모양의 열매들을 관찰하고 열매를 이용하여 만들기를 해 보도록 한다.

- **관련 교과** : 미술, 실과
- **교수·학습 방법** : 만들기
- **주제** : 학교숲에서 보물찾기
- **활동 목표** : 인식, 기능

활동 목표

- 가을에 볼 수 있는 열매를 관찰한다.
- 열매의 역할이 무엇인지 안다.
- 열매를 이용한 창작 활동을 한다.

이런 것이 필요해요

| 수목도감 | 지퍼백 | 열매 | 목공용 풀 | 가위 | 실 | 찰흙 |

1. 가을 열매 수집하기

① 학생들에게 열매의 중요성에 대해서 알려 준다.

> 열매는 자손을 퍼뜨릴 수 있는 씨앗을 가지고 있기 때문에 매우 중요하다.
>
> 열매의 모양은 씨앗이 퍼뜨려지는 방법과 밀접히 관련된다.

② 학생들 각각에게 지퍼백을 나누어 준다.

③ 숲에 들어가서 나누어 준 지퍼백에 다양한 모양과 크기의 열매를 찾아 담아 오게
한다.

④ 열매를 모아 왔다면 어떤 나무의 열매인지 도감을 활용하여 알아보고, 씨앗이 있
다면 찾아보도록 한다.

⑤ 열매를 이용하여 다양한 작품을 만들도록 한다.

2. 열매 모빌 만들기

① 먼저 긴 끈을 준비하고, 늘어진
　 끈에 기본틀이 될 큰 나뭇가지의
　 중앙 부분을 가볍게 연결한다.

② 큰 나뭇가지의 양쪽 끝과 옆 가
　 지에 끈을 연결하고 작은 나뭇가
　 지를 연결한다.

③ 작은 나뭇가지에 다시 끈을 연결
　 하여 미리 구해 둔 열매를 균형
　 있게 연결한다.

④ 만들면서 좌우 대칭과 무게 중심 등을 확인하여 묶는다.

⑤ 전체적인 균형이 잡히면 매듭을 다시 한 번 묶어 풀어지지 않도록 한다.

⑥ 완성한 모빌은 바람이 드는 창문 근처 천장에 묶어 둔다.

3. 다양한 작품 만들기

① 열매를 이용하여 다양한 작품을 만들도록 한다.

② 모빌 만들기 이외에도 학생들의 창의적인 아이디어로 다양한 작품을 만들게 한다.

① 수집하는 과정에서 다양한 열매의 이름과 모양 등에 대해서 알 수 있다.
② 열매를 수확하는 기쁨을 느낄 수 있다.

활동 도우미

① 만들기 활동을 할 때에는, 물렁한 과육이 있는 열매보다는 단단한 형태의 열매를 이용하는 것이 좋다.
② 열매는 학교숲을 찾아오는 동물들에게 좋은 먹이가 된다는 점을 알려 주고, 너무 많은 양의 열매를 수집하지 않도록 한다.
③ 작업이 끝나고 남은 열매는 다시 학교숲에 놓아두도록 한다.

교육 과정과의 연계성
슬기로운 생활 1학년 2학기 3. 가을 마당/2학년 2학기 3. 주렁주렁 가을 동산
과학 4학년 1학기 4. 강낭콩/5학년 2학기 3. 열매

열매를 활용하여 다양한 만들기를 해 봅시다.

1. 도토리 팽이

① 학교숲에 참나무가 많이 있으면, 도토리를 주어다가 팽이를 만든다.

② 도토리에 송곳으로 구멍을 뚫고 이쑤시개 또는 성냥을 꽂아 팽이를 만든다.

③ 누가 도토리 팽이를 더 잘 돌리는지 시합한다.

2. 액자 만들기

① 열매를 액자 만드는 데 활용하도록 한다.

② 열매의 특징을 살려 주제가 있는 액자를 만들도록 한다.

③ 액자의 크기는 A4 용지 정도의 두꺼운 도화지 또는 골판지를 사용해도 좋다.

④ 씨앗은 목공용 풀로 붙이도록 하고, 색연필·사인펜을 이용하여 자유롭게 꾸미도록 한다.

3. 다양한 종류의 가을 열매들을 이용한 발 만들기

① 학교숲에서 찾아볼 수 있는 다양한 열매들을 수집하고 바람이 잘 부는 그늘에서 건조시킨다.

② 실 또는 낚싯줄과 바늘을 이용하여 열매를 실에 줄줄이 끼우도록 한다.

③ 적당한 길이의 여러 개의 줄을 만들어서 창문 또는 교실문 틀에 압정을 이용하여 붙여 놓도록 한다.

솟대를 만들어 봅시다

초등 고학년 4차시 교실 가을

이런 활동이에요

이 활동에서는 솟대가 무엇인지 그리고 우리 조상들은 왜 솟대를 만들었는지에 대해 알아보고, 직접 나무젓가락을 이용하여 솟대를 만들어 보게 된다. 이를 통해 우리 전통 속 솟대의 기원과 의미를 이해하고 자신의 꿈이 담긴 솟대를 실제로 만들어 본다.

- **관련 교과** : 사회, 미술, 실과
- **교수·학습 방법** : 창작법
- **주제** : 학교숲에서 보물찾기, 학교숲과 우리 마을
- **활동 목표** : 지식, 기능

활동 목표

- 솟대와 관련된 이야기를 안다.
- 주변에서 쉽게 구할 수 있는 나무젓가락을 이용하여 솟대를 만들 수 있다.

이런 것이 필요해요

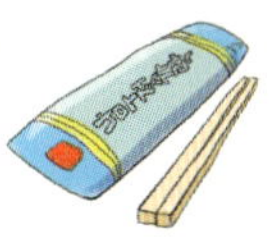

나무젓가락

사포(30번, 220번)

목공용 풀

신문지

가위

칼

1. 솟대를 본 적이 있나요?

① 솟대가 무엇인지에 대해 이야기해 본다.

② 민속촌이나 박물관 등에서 직접 솟대를 본 적이 있는지 기억을 되살려 보고, 본 적이 있는 사람들의 이야기를 들어 본다.

③ 솟대는 무엇이며, 왜 솟대를 만들어 세웠는지에 대해 이야기를 들려준다.

④ 솟대에 사용되는 새는 주로 어떤 새이며, 물새가 왜 솟대에 사용되는지 알려준다.

⑤ 솟대와 관련된 이야기를 찾아보고 학생들과 이야기해 본다.

2. 솟대에 싣고 싶은 나의 꿈 적어 보기

① 솟대를 만들기 전에 옛날 사람들은 어떤 소원을 빌었는지 알아본다.

② 학교숲에 관한 꿈 혹은 자신의 꿈을 솔직하고 자유롭게 종이에 적어 본다.

3. 솟대 만들기

① 나무젓가락을 반으로 쪼개고, 나무젓가락의 1/3
을 잘라 몸통과 날개, 몸통 길이의 1/2을 잘라 목
과 머리로 준비한다.

② 나무젓가락에 그림을 그린 후 굵은 사포로 대강의
모양을 잡고 가는 사포로 표면을 매끄럽게 다듬어
머리 부분을 부리 모양으로 다듬는다.

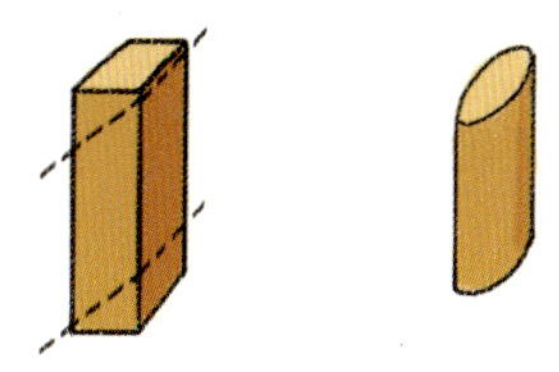

③ 목 부분에 해당하는 나무젓가락 토막을 세워서 삽
화 그림과 같이 다듬는다(활동 자료 참조).

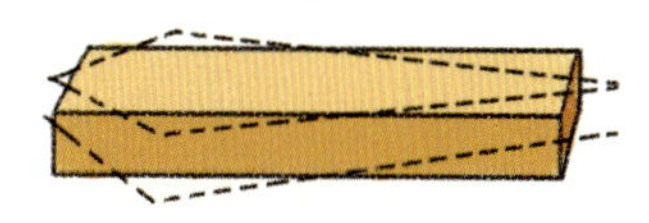

④ 몸통 부분의 앞은 둥글게, 꼬리 부분은 뾰족하게
다듬는다.

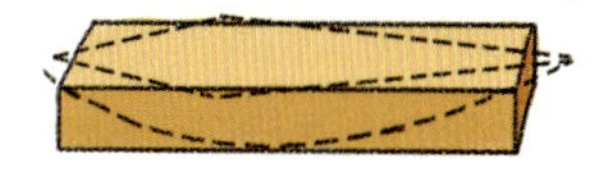

⑤ 날개 부분은 그 끝이 위로 향하게 다듬는다.

⑥ 2, 3, 4, 5의 과정에서 완성된 부분을 목공용 풀을
이용하여 몸통→목→부리→날개의 순으로 붙여
준다.

⑦ 남은 젓가락 조각들을 이용하여 긴 나무나 돌기둥
의 역할을 대신할 받침대를 만들어 몸통 부분에
균형 있게 붙여 완성한다.

⑧ 완성된 후 모둠이나 반 전체 학생들에게 보여 주고 내가 바라는 꿈을 발표해 본다.

① 솟대의 기원과 의미를 바르게 이해하고, 직접 만들어 보면서 흥미와 관심을 유도할 수 있다.
② 학교숲의 꿈을 담은 솟대를 만들어 봄으로써 학교숲에 대한 의미를 생각해 본다.

 활동 도우미

① 학생들이 솟대를 제작하는 과정에서 작품의 완성도보다는 우리 전통 속 솟대의 기원과 의미를 바르게 이해하고 다양한 솟대를 만들 수 있도록 지도한다.
② 목공용 풀을 사용할 때에는 부착면의 먼지를 제거하고 목공용 풀을 발라 투명해질 정도로 말린 후 사용한다.
③ 모양을 만들 때에는 먼저 굵은 사포로 대강의 모양을 잡고 가는 사포로 표면을 매끄럽게 다듬도록 지도한다.
④ 솟대에는 주로 오리, 기러기 등과 같은 새가 사용되었으며, 물새를 사용한 이유는 솟대를 통해 화재를 방지하고자 한 기원, 천상과 지상을 연결하고자 한 염원 등을 담고 있음에 주의하여 활동을 진행한다. 그러나, 이러한 내용을 교사가 직접 알려주기보다는 솟대에 관한 내용을 조사하는 활동을 수행하여 좀 더 깊이 있는 지식을 얻을 수 있도록 한다.

교육 과정과의 연계성
사회 5학년 2학기 3. 우리 겨레의 생활 문화
미술 6학년 6. 여러 나라의 민속 공예

1. 솟대의 모습

솟대란, 마을의 평화와 풍년을 기원하기 위해 긴 나무나 돌기둥을 높다랗게 세운 다음 그 위에 나무나 돌로 만든 새를 올려놓은 것입니다. 새가 마을 사람들의 기원을 하늘에 전달해 주는 역할을 한다고 믿었기 때문입니다.

솟대

2. 솟대에 사용되는 새는 주로 어떤 새일까요?

3. 주로 물새가 솟대의 새로 사용되는 이유는 무엇인가요?

학교숲 소리 지도 그리기

이런 활동이에요

눈을 감고 있으면 정신 집중이 잘될 뿐 아니라 잘 들리지 않던 소리도 들린다. 학교숲 속에서 눈을 감고 있으면 어떨까? 주변이 조용하다면, 지렁이 지나가는 소리, 낙엽 구르는 소리, 벌레가 잎사귀를 먹는 소리 등 그동안 우리가 듣지 못했던 소리를 경험하게 될 것이다. 이 활동에서는 학교숲에서 조용히 주변의 소리에 귀 기울일 수 있는 기회를 제공한다.

- **관련 교과** : 음악
- **교수·학습 방법** : 탐구법
- **주제** : 학교숲에서 보물찾기
- **활동 목표** : 인식

활동 목표

- 학교숲 속에서 어떤 소리를 들을 수 있는지 알아본다.
- 자연의 소리와 인공의 소리는 어떻게 다른지 이해한다.

이런 것이 필요해요

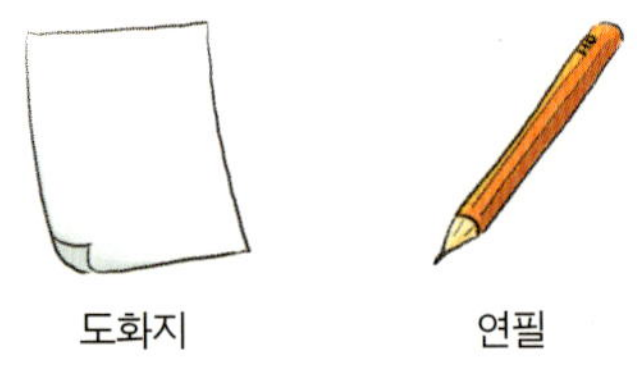

도화지   연필

① 조용한 숲 속의 장소를 찾아 학생들을 앉게 한다.

② 학생들에게 눈을 감은 상태에서 조용히 소리를 들어 보게 한다. 이때 학생들이 좀 더 구체적으로 집중할 수 있도록 하기 위해서 팔을 구부려 주먹을 쥐고 소리가 들릴 때마다 손가락을 하나씩 펴도록 해도 좋다.

③ 소리를 들을 때에는 소리가 들리는 방향, 거리, 크기와 소리의 내용을 구별하여 기억하게 한다. 이를 위해서는 학생들이 정신을 집중해야 함을 강조한다.

④ 일정한 시간이 흐른 후 학생들이 각자 자신이 들었던 소리에 대해 의견을 나눈다. 이때 가장 작은 소리, 큰 소리, 이상한 소리, 기분 좋은 소리, 기분 나쁜 소리 등 소리를 구분해 볼 수 있다.

⑤ 개인별 또는 모둠별로 이 소리들을 학교숲을 포함한 소리 지도에 표시하도록 한다. 이때 소리의 종류에 따라 다른 기호를 사용하고, 방향과 거리, 크기 등을 다르

게 표시할 수 있다. 예를 들어 크게 들었으면 기호를 크게, 멀리서 들렸으면 중심에서 멀게 표시할 수 있다.

⑥ 학교숲에서의 활동이 끝나면 심화 활동으로 교실이나 놀이 기구 앞 등 학교 내의 다른 지역에 가서도 소리 듣기 활동을 할 수 있다. 이때 학교숲에서 들었던 소리와 같은 점과 다른 점을 구분해 봄으로써 학교숲이 만드는 효과와 장소에 따른 소리의 차이를 경험할 수 있게 한다.

기대 효과

① 학교숲에서 조용히 머물러 있는 기회를 제공하여 감각을 예민하게 할 수 있다.
② 자연의 소리는 대부분 인공적인 소리에 의해 묻히게 되어 제대로 귀 기울여 듣지 않으면 잘 들을 수 없으므로, 학교숲에서 자연의 소리를 들을 수 있는 기회를 마련해 줌으로써 학생들에게 새로운 경험을 제공할 수 있도록 도와준다.
③ 자연의 소리가 인공의 소리와 어떻게 다른지를 알 수 있다.

활동 도우미

① 소리를 듣기 위해서는 최대한 주의를 집중할 수 있어야 하므로 사전에 조용한 분위기를 유도하는 활동으로 시작하는 것도 좋다.
② 자연의 소리에 귀 기울였을 때 어떤 느낌을 갖게 되는지 생각해 보게 한다.

교육 과정과의 연계성
즐거운 생활 1학년 2학기 6. 똑같아요/2학년 1학기 10. 숲 속의 나라/2학년 2학기 7. 꿈의 세계
국어(말하기·듣기) 2학년 1학기 둘째마당. 무엇을 찾을까요/2학년 1학기 셋째마당. 꿈을 펼쳐요
과학 3학년 2학기 6. 소리 내기
음악 3학년 매롱이 소리, 음악 이야기/4학년 아기 염소/5학년 맑은 물 흘러가니/6학년 봄, 개구리 소리
체육 4학년 표현 활동 3. 덩 덕 덩덕

소리 지도의 예 1

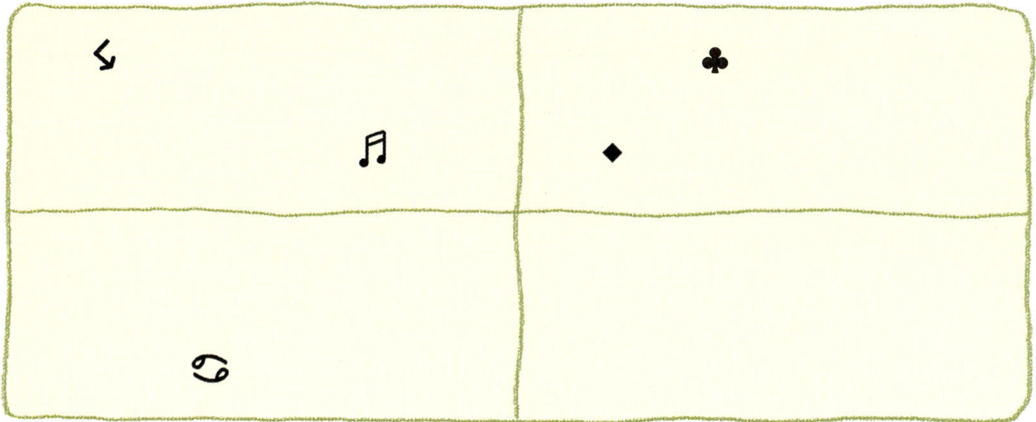

소리 지도의 예 2

부엽토 만들기

이런 활동이에요

가을에 생기는 낙엽을 모아 학교숲 정화 활동과 더불어 부엽토를 만들어 보는 활동을 통해 재활용과 순환 등의 의미를 알아볼 수 있다.

- **관련 교과** : 과학, 실과
- **교수·학습 방법** : 실험, 관찰
- **주제** : 학교숲 알기
- **활동 목표** : 지식, 인식, 기술

활동 목표

- 낙엽을 이용한 부엽토를 만들어 재활용, 순환 등의 의미를 이해한다.
- 부엽토가 부숙되어 가는 과정을 통해 분해자의 역할에 대해 이해한다.

이런 것이 필요해요

① 선생님은 학생들에게 부엽토가 무엇인지 설명해 준다.

② 우리가 일상생활에서 사용하는 것 중 잘 썩는 것과 썩지 않는 것은 어떤 것들이
  있는지 이야기해 본다.

③ 밖으로 나가 학교숲에 떨어진 낙엽을 한곳으로 모은다.

④ 4~5명이 한 모둠이 되도록 모둠을 나누어 양동이를 하나씩 준비하도록 한다.

⑤ 각 모둠은 다음 재료 중에 한 가지를 골라 양동이의 반 정도가 되도록 담는다.

  가. 낙엽만 넣은 양동이(양동이 가득 넣어도 좋음)

  나. 낙엽과 흙을 섞어 넣은 양동이

  다. 음식물 쓰레기와 흙을 섞어 넣은 양동이

  라. 플라스틱 통과 흙을 섞어 넣은 양동이

  마. 유리병과 흙을 섞어 넣은 양동이

바. 알루미늄 캔과 흙을 섞어 넣은 양동이

사. 종이와 흙을 섞어 넣은 양동이

아. 낙엽, 종이, 음식물 쓰레기, 플라스틱 통, 유리병, 알루미늄 캔 모두와 흙을 섞어 넣은 양동이

⑥ 각 양동이를 만든 날짜, 넣은 내용물과 날짜, 양 등을 겉면에 써 붙인다.

⑦ 양동이를 한곳에 모아 두고 한 달에 한 번씩 각 모둠별로 양동이 내부 상태를 확인하고 일지에 적어 놓는다.

⑧ 활동이 끝난 후 각 모둠의 양동이의 내용물을 모아 큰 통에 흙과 함께 넣어 부엽토 통을 만든다.

기대 효과

① 부엽토를 만드는 활동을 통해 재활용과 재생산의 의미를 이해한다.
② 부엽토가 부숙되는 과정을 통해 순환의 의미와 중요성을 이해한다.
③ 자연으로 순환되는 것과 그렇지 않은 것의 차이를 이해하고, 일상생활에서 사용하는 것 중 환경친화적이지 않는 것을 알고 사용을 자제할 수 있다.

활동 도우미

① 양동이에 들어가는 내용물은 여건에 따라 변경 가능하며, 종류를 가감할 수 있다.

② 낙엽이나 음식물 쓰레기는 냄새가 많이 나지 않도록 흙과 한 켜씩 쌓는다.

③ 주기적으로 양동이를 관찰하여 변화 상태를 지속적으로 점검할 수 있도록 한다.

교육 과정과의 연계성
과학 6학년 2학기 3. 쾌적한 환경
실과 5학년 3. 꽃과 채소 가꾸기

 1. 우리 학교숲에서 모은 낙엽들은 어떤 종류의 낙엽이 있나요?

2. 양동이에 모둠별로 준비된 내용물과 흙을 넣은 후 이름표와 일지를 만들어 봅시다.

모둠 이름 :
만든 사람 :
만든 날짜 :
속 내용물 :
예상되는 분해 시간 :
실제 분해 시간 :

날짜 :	관찰자 :

관찰 내용 : 색, 냄새, 상태 등

관찰 모습 :

느낀 점 :

1. 부엽토란?

잎이 넓고 둥글한 낙엽활엽수들의 잎을 쌓아 오랜 시간에 걸쳐 썩힌 것이 부엽토이다. 숲을 거닐 때 낙엽활엽수들의 아래쪽에 있는 검고 약간 축축하며 부실부실한 흙을 부엽토라 생각하면 된다. 부엽토는 나뭇잎이 썩어 흙과 함께 섞여 있는 흙으로 여러 가지 성분의 흙이 함께 모여 있으므로 공기를 통하게 하는 통기성과 물을 머금는 보수성이 뛰어나며 식물의 생육에 도움을 주는 토양이다.

그러나 썩어서 만들어진 흙이기 때문에 완전히 썩은 것이 아니면 계속 썩으면서 발효하여 나무의 뿌리를 함께 상하게 하므로 반드시 완전히 썩은 완숙토를 사용해야 한다. 또한 침엽수도 부엽토가 될 수는 있지만 썩는 데 시간이 훨씬 오래 걸리므로 활엽수의 낙엽이 좋다. 또한 사용할 때에는 비료와 흙을 적당히 혼합하여 사용하는 것이 좋다.

2. 나무의 일생

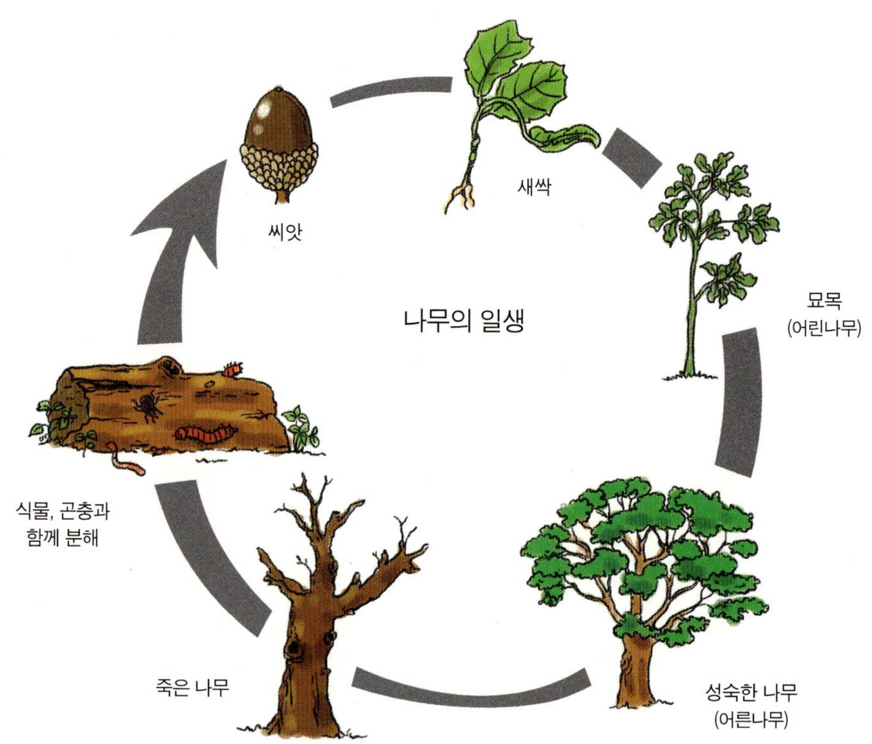

학교숲을 노래하자

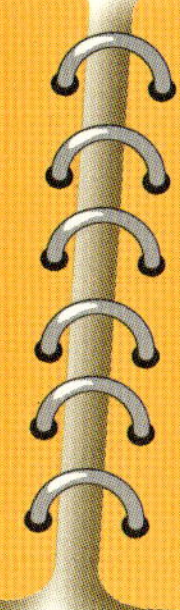

🌱 초등 고학년   ⏰ 2차시   🏫 학교숲   🙂 봄, 여름, 가을, 겨울

이런 활동이에요

우리 학교숲을 주제로 하여 '노래 가사 바꿔 부르기' 형식을 이용해 학교숲 로고송을 만들어 본다. 이 활동을 통해서 학교숲에 대한 관심을 높일 수 있다.

- **관련 교과** : 음악, 국어
- **교수·학습 방법** : 창작법
- **주제** : 학교숲에서 보물찾기
- **활동 목표** : 인식, 태도, 기능

활동 목표

- 학교숲에 대해 관심을 높인다.
- 학교숲에 서식하는 생물 또는 숲의 역할 등에 대해 알고 이를 바탕으로 노랫말을 만들어 볼 수 있다.
- 학교숲에서 얻을 수 있는 재료를 이용한 음악 활동을 통해 감수성을 키울 수 있다.

이런 것이 필요해요

① 7명 정도의 학생을 하나의 모둠으로 정한다.

② 우리 학교숲에 있는 나무들과 생물들의 목록을 나눠 준다.

③ 학교숲을 만든 취지와 숲의 역할 등에 대해 설명한다.

④ 학생들은 모둠별로 자신들이 만들 학교숲 로고송의 주제를 정하고 학교숲에 관한 노랫말을 만든다(기존의 노래를 개사해서 하나의 완성된 학교숲 로고송을 만든다).

⑤ 학생들은 자신의 노래를 발표할 때, 학교숲에 있는 것들을 이용해 연주도 할 수 있도록 준비한다(예를 들어 낙엽 밟는 소리, 나뭇가지 두드리는 소리, 솔방울 흔드는 소리 등).

⑥ 모둠별로 자신들이 만든 학교숲 로고송의 주제와 노래를 발표한다.

① 학교숲에 대한 학생들의 적극적인 관심을 유도할 수 있다.
② 학교숲에 관한 노랫말을 만들기 위해서는 학교숲에 대한 지식과 이해가 필요하므로, 학생들이 학교숲에 서식하는 생물들에 대해 알 수 있다.
③ 학교숲에 있는 것들을 이용한 연주 활동을 해 봄으로써 학교숲에서의 소리 찾기를 통한 감수성을 기를 수 있고, 연주할 재료들을 찾아다니면서 학교숲에 대한 관심을 높일 수 있다.

 활동 도우미

① 노래를 만드는 동안 학생들이 많이 떠들 수 있으므로 교사가 적절히 통제해 줄 필요가 있다.
② 단순히 일회성 놀이로 그치는 것이 아니라, 학교숲을 알리고 관심을 끌어낼 수 있도록 활용해 본다.
③ 전교생(또는 전학년)을 대상으로 하여 대회를 개최한 후 좋은 노래와 연주를 선정하여 시상할 수도 있다.

교육 과정과의 연계성
즐거운 생활 1학년 1학기 3. 들로 산으로/1학년 2학기 6. 똑같아요/2학년 1학기 10. 숲 속의 나라
슬기로운 생활 1학년 1학기 1. 봄나들이
음악 3학년 참새 노래/4학년 나물 노래/5학년 봄이 가고 여름 오면/6학년 둥당기타령, 쾌지나 칭칭 나네

참고 자료 학교숲 노래의 예

아름다운 우리 학교

추위에 핀 동백꽃 2월의 매화 / 눈 속에 핀 복수초 노란 개나리
바위틈에 제비꽃 민들레 웃고 / 고개 숙인 할미꽃 언덕에 피네
웃음 짓는 수선화 빨간 명자꽃 / 실습지의 장다리
팬지 국화 데이지 뒤뜰의 화단 / 가랑코에 예쁜 꽃
살구꽃이 웃는 곳 아그배가 웃는 곳
진달래가 피고 앵두꽃이 피는 / 아름다운 월영교
애기똥풀 달래꽃 씀바귀 피고 / 수수다리 꽃향기 애기사과꽃
언덕 위에 박태기 자목련 피니 / 아름답다 월영 교정 우리 배움터
금붕어 떼 송사리 두꺼비 사랑 / 왕잠자리 탈바꿈
동의나물 노랗게 피어난 연못 / 수련 부들 노랑어리연
손에 손을 잡고서 협동하며 사는 곳
물을 뿜는 분수 물레방아 도는 / 아름다운 월영교
앵초 자란 금낭화 매의 발톱꽃 / 연보라빛 멀구슬 하얀 백정화
황매화와 영산홍 뜰 장식하고 / 철쭉꽃이 연이어 피어나는 곳
군자란과 천리향 나도샤프란 / 가지각색 병꽃들
노랑 보라 창포꽃 솜털 자귀꽃 / 백일 동안 배롱꽃
상수리와 돈나무 구골목서 광나무 / 아기손의 단풍 얼굴 못난 모과
숲속 학교 월영교
소나무와 벽오동 / 아왜 이팝 굴거리
울타리의 장미 줄을 타는 여주 / 아름답다 월영교
사랑하자 월영교.

(원곡: 한국을 빛낸 백인의 위인들, ⓒ 박문영, 개사: 월영초등학교 4학년 1반 학생들)

귀뚜라미처럼

귀뚜라미처~럼 울어 봐 (흑흑) 여치처럼 웃어 봐 (하하)
메~뚜기처~럼 튀어 봐 (통통) 사마귀처럼 물어 봐 (꽉꽉)
방아깨비처~럼 방아 쪄 (쿵쿵) 베짱이처럼 베를 짜 (짝짝)
(후렴) 우리 모두 다같이 즐~겁게 노래해 / 우리 모두 다같이 놀아 봐 (신나게)

(원곡: 우리 모두 다같이, 개사: 풀무농고 조병현 선생님)

내가 찍은 학교숲

🌱 초등 고학년   ⏰ 3차시   🏫 학교숲, 교실, 운동장   ☺ 봄, 여름, 가을, 겨울

이런 활동이에요

학교나 학급, 또는 개인 수준에서 비디오 장비가 있다면, 학생들은 학교숲과 운동장, 학교 주변에서 얼마간의 시간을 투자하여 학교숲에 관한 다큐멘터리나 영화 등을 만들어 보는 활동이다. 학교숲의 모습을 다큐멘터리, 광고, 드라마, 환경 고발 프로그램 등 다양한 형태의 영상물로 만드는 경우 이를 학생 및 학부모 등이 함께 보는 학교숲 영화제를 개최할 수도 있다.

- **관련 교과** : 국어, 음악, 미술, 사회, 과학
- **교수·학습 방법** : 창작법, 프로젝트법
- **주제** : 학교숲에서 보물찾기, 학교숲과 우리 마을
- **활동 목표** : 기능, 인식

활동 목표

- 학교숲에서 일어나는 생태계의 변화를 인식한다.
- 비디오 장비를 이용해 여러 가지 활동을 기록해 영상물을 만드는 방법을 학습한다.

이런 것이 필요해요

동영상 촬영이 가능한
디지털카메라 또는 비디오 장비

필기구

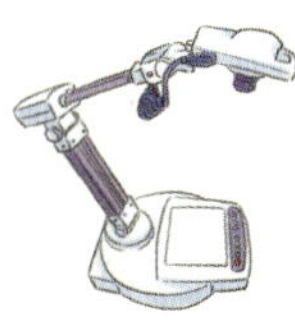

다양한 시각 및
음향 효과를 위한 재료

① 모둠의 학생들과 학교숲의 어떤 모습이 포함되어야 하는지를 논의한다. 이때 학교숲의 전경(파노라마)이나 몇 가지 특징(학교숲에서의 놀이, 학교숲의 사계절, 학교숲의 이모저모 등) 중 하나의 주제에 집중하여 진행할 수 있다.

② 기획을 하고 스토리라인을 잡은 후 이에 근거하여 촬영한다. 이 영상물에는 학생과 교직원과의 인터뷰를 포함할 수도 있고, 학생들이 환경에 관해 자신이 지은 시를 낭독하거나 무언극 활동 등 학교숲의 사진이나 모습을 담는 것 이외에 다양한 내용을 포함할 수 있다.

③ 필름을 완성하면 작업을 편집하고, 적절한 곳에 음향 효과를 넣는다. 이때 음향 효과는 자연의 소리, 인공의 소리 모두 가능하며 녹음된 음악이든 즉석에서 낼 수 있는 단순한 타악기 소리든 상관없이 모두 가능하다.

④ 다큐멘터리 등 영상물을 완성하면 학교에 제출하거나 부모님 등 다른 방문자들에게 보여 준다.

① 영상물로 만들어진 자료를 통해 학교숲을 새로운 시각으로 바라볼 수 있다.
② 만일 학교숲이 기획, 설계되는 과정부터 완성되어 가는 과정을 영상으로 기록해 둔다면 유용한 자료가 될 수 있다. 학생들에게 이와 관련된 장기 프로젝트를 수행할 수 있다.
③ '학교숲 교환 상자' 진행 시에 이런 영상물을 동봉하여 보낼 수 있다.

활동 도우미

① 다큐멘터리 비디오를 만드는 것 외에 학교숲을 주제로 한 영화나 드라마, 광고를 찍어 상영할 수도 있다.
② 학교 행사(학교 기념일, 운동회, 소풍, 현장 체험 교육 등)에 학교숲과 운동장, 학교 주변에서 일어나는 어떤 이벤트나 활동을 기록할 수 있다.
③ 제작된 것은 학교에 제출하여 모두가 함께 볼 수 있도록 한다.

교육 과정과의 연계성
슬기로운 생활 1학년 1학기 3. 나의 하루 생활/2학년 2학기 3. 주렁주렁 가을 동산/2학년 2학기 4. 겨울을 따뜻하게 보내려면
과학 5학년 1학기 5. 꽃
음악 4학년 음악과 그림
국어(말하기·듣기) 3학년 2학기 둘째마당. 우리가 꿈꾸는 세상
국어(쓰기) 3학년 2학기 넷째마당. 인물과 하나 되어
국어(말하기·듣기·쓰기) 5학년 1학기 첫째마당. 마음의 빛깔/5학년 2학기 첫째마당. 마음 속의 울림/6학년 2학기 둘째마당. 살며 배우며)

참고문헌_여름 · 가을 편

외국 도서

American Forest Foundation (1996). *Project Learning Tree : Environmental Education Acitivity Guide Pre K–8*, 4th ed. American Forest Foundation.

Dean, J. (1999). *History in the School Grounds*; Learning Through Landscapes. Southgate Publishers Ltd. UK.

Hare, R., Attenborough, C., & Day, T. (1996). *Geography in the School Grounds*; Learning Through Landscapes. Southgate Publishers Ltd. UK.

Keaney, B. (1993). *English in the School Grounds*; Learning Through Landscapes. Southgate Publishers Ltd. UK.

Rhydderch-Evans, Z. (1993). *Mathematics in the School Grounds*; Learning Through Landscapes. Southgate Publishers Ltd. UK.

Thomas, G. (1992). *Science in the School Grounds*; Learning Through Landscapes. Southgate Publishers Ltd. UK.

국내 도서

박윤석 (1993), 기상세시기, 오성인쇄.

산림청 (2000), 산림과 임업 기술. 산림청.

환경을 생각하는 교사모임 (2003), 『초등학교 자연체험활동－자연과 가까워져요(5·6학년)』, 두산동아.

기타 자료

- 기상청 홈페이지 '일기예보 생성 과정'
  http://www.kma.go.kr/
- 산림청
  －물을 저장하는 숲
  http://www.forest.go.kr/foahome/user.tdf?a=common.HtmlApp&c=1001&page=/html/kor/study/sense/sense_040_120.html&mc=WWW_ST
  http://www.forest.go.kr/foahome/user.tdf?a=common.HtmlApp&c=1001&page=/html/kor/study/sense/sense_030_120.html&mc=WWW_STUDY_SENSE_030
  －교토의정서, '기후변화와 산림'
  http://carbon.forest.go.kr/foahome/user.tdf?a=common.HtmlApp&c=1004&page=/html/weather/class/agree_kyoto_010.html&mc=WEATHER_CLASSROOM_020_020)
- 언제나비오는나라
  http://www.rainnara.com/
- 국립산림과학원 '탄소나무 계산기 '
  http://www.kfri.go.kr/
- 유한킴벌리 우리숲
  http://kids.woorisoop.org/info/info03_view.asp?page=1&Seq=73&gb=tree&sa=&sk=
  http://kids.woorisoop.org/info/info03_view.asp?page=1&Seq=189&gb=tree&sa=&sk=
  http://kids.woorisoop.org/info/info03_view.asp?page=1&Seq=171&gb=tree&sa=&sk=
- IPCC(International Panel on Climnate Change) '이산화탄소 변화량'
  http://www.ipcc.ch/publications_and_data/ar4/wg1/en/figure-2–3.html

1. 관련 교과

계절	목차	도덕(윤리)	국어(언어)	사회/지리	수학	과학	체육	음악	미술	실과
겨울	우리가 꿈꾸는 학교숲		♠						♠	♠
	우리 학교숲 캐릭터 만들기								♠	
	우리 학교에 나무가 없다면			♠		♠			♠	
	어젯밤 학교숲에…		♠							
	겨울에도 잎이 푸른 상록수					♠				
	추운 겨울을 이겨 내요!					♠				
	새집 만들기					♠			♠	♠
	나무의 겨울눈 관찰하기					♠				
	내가 만든 학교숲 우표								♠	
	학교숲 신문 만들기		♠	♠		♠			♠	
	학교숲 안내 책자 만들기		♠	♠		♠			♠	
봄	제일 먼저 누가 나올까?					♠			♠	
	숲 속을 걸어요			♠					♠	
	나무는 무엇으로 심을까요?			♠						♠
	너는 내 친구	♠		♠		♠			♠	
	학교숲의 꿀벌이 되어 보자						♠			
	학교숲에서 무엇을 할까?				♠		♠			
	어라~ 달리졌네!			♠					♠	
	목이 아파요			♠		♠				
	학교숲 잔치를 열어요	♠				♠				♠
	아낌없이 주는 나무		♠							
	나무가 아파해요!									♠
	지렁아, 지렁아! 집 줄게					♠				♠
	무럭무럭 자라요!					♠				♠
	지렁아~ 놀자!							♠	♠	
여름	날씨를 알려 드리겠습니다					♠				
	비 오는 날		♠					♠	♠	
	빗물은 어디로 갈까?			♠		♠				
	바람을 막아 주는 숲					♠				
	이산화탄소는 어디로			♠	♠	♠				
	나무, 생물들의 호텔					♠				
	학교숲 먹이그물 게임					♠	♠			
	학교숲에서 도형 찾기				♠	♠				
	학교숲에서 수와 규칙 찾기				♠	♠				
	숲으로 물들이다								♠	♠
	숲 속의 비밀 찾아내기		♠							
	숲 속 아지트로의 초대		♠	♠		♠			♠	
	학교 ㅇㅇㅇ 지도 그리기			♠						
	학교숲 교환상자		♠	♠		♠				
가을	낙엽은 왜 질까요?					♠				
	단풍잎 손수건 만들기								♠	
	단풍잎 표본 만들기					♠				
	울긋불긋 가을숲								♠	
	알아맞혀 봅시다					♠			♠	
	가을 열매들의 변신								♠	♠
	솟대를 만들어 봅시다			♠					♠	♠
	학교숲 소리 지도 그리기							♠		
	부엽토 만들기					♠				♠
	학교숲을 노래하자		♠					♠		
	내가 찍은 학교숲		♠	♠		♠		♠	♠	

2. 주제

계절	목차	학교숲 알기	학교숲과 생태계	학교숲과 관계 맺기	학교숲에서 보물찾기	학교숲과 주변 환경	학교숲과 우리 마을
겨울	우리가 꿈꾸는 학교숲			♠			♠
	우리 학교숲 캐릭터 만들기			♠			
	우리 학교에 나무가 없다면		♠			♠	♠
	어젯밤 학교숲에…			♠	♠		
	겨울에도 잎이 푸른 상록수	♠					
	추운 겨울을 이겨 내요!	♠	♠				
	새집 만들기				♠		
	나무의 겨울눈 관찰하기	♠					
	내가 만든 학교숲 우표			♠			
	학교숲 신문 만들기						♠
	학교숲 안내 책자 만들기						♠
봄	제일 먼저 누가 나올까?	♠	♠				
	숲 속을 걸어요	♠		♠			
	나무는 무엇으로 심을까요?	♠		♠			
	너는 내 친구	♠		♠			
	학교숲의 꿀벌이 되어 보자	♠		♠			
	학교숲에서 무엇을 할까?			♠	♠		
	어라~ 달라졌네!	♠		♠			
	목이 아파요					♠	
	학교숲 잔치를 열어요			♠			
	아낌없이 주는 나무	♠	♠		♠		
	나무가 아파해요!	♠					
	지렁아, 지렁아! 집 줄게	♠	♠				
	무럭무럭 자라요!	♠	♠				
	지렁아~ 놀자!	♠	♠				
여름	날씨를 알려 드리겠습니다					♠	
	비 오는 날					♠	
	빗물은 어디로 갈까?					♠	
	바람을 막아 주는 숲					♠	
	이산화탄소는 어디로					♠	
	나무, 생물들의 호텔	♠	♠				
	학교숲 먹이그물 게임	♠	♠				
	학교숲에서 도형 찾기				♠		
	학교숲에서 수와 규칙 찾기				♠		
	숲으로 물들이다				♠		
	숲 속의 비밀 찾아내기			♠	♠		
	숲 속 아지트로의 초대			♠	♠		
	학교 ㅇㅇㅇ 지도 그리기			♠	♠		
	학교숲 교환상자			♠	♠		♠
가을	낙엽은 왜 질까요?	♠					
	단풍잎 손수건 만들기				♠		
	단풍잎 표본 만들기	♠			♠		
	울긋불긋 가을숲				♠		
	알아맞혀 봅시다	♠					
	가을 열매들의 변신				♠		
	솟대를 만들어 봅시다				♠		♠
	학교숲 소리 지도 그리기				♠		
	부엽토 만들기	♠					
	학교숲을 노래하자				♠		
	내가 찍은 학교숲				♠		♠

3. 활동 대상과 활동 장소, 활동 시간

계절	목차	저학년	고학년	실내(교실/실험실)	야외(학교숲/운동장)	1차시	2~3차시	4차시
겨울	우리가 꿈꾸는 학교숲		♠	♠	♠			♠
	우리 학교숲 캐릭터 만들기		♠	♠			♠	
	우리 학교에 나무가 없다면		♠	♠			♠	
	어젯밤 학교숲에…	♠	♠	♠	♠		♠	
	겨울에도 잎이 푸른 상록수	♠	♠	♠	♠		♠	
	추운 겨울을 이겨 내요!	♠	♠		♠	♠		
	새집 만들기		♠	♠	♠		♠	
	나무의 겨울눈 관찰하기		♠	♠	♠		♠	
	내가 만든 학교숲 우표	♠	♠	♠			♠	
	학교숲 신문 만들기		♠	♠				♠
	학교숲 안내 책자 만들기		♠	♠				♠
봄	제일 먼저 누가 나올까?	♠	♠		♠		♠	
	숲 속을 걸어요	♠	♠		♠		♠	
	나무는 무엇으로 심을까요?	♠	♠	♠		♠		
	너는 내 친구	♠			♠			♠
	학교숲의 꿀벌이 되어 보자	♠	♠		♠	♠		
	학교숲에서 무엇을 할까?		♠	♠	♠		♠	
	어라~ 달라졌네!	♠			♠		♠	
	목이 아파요		♠	♠		♠		
	학교숲 잔치를 열어요	♠	♠		♠			♠
	아낌없이 주는 나무		♠	♠	♠	♠		
	나무가 아파해요!	♠	♠		♠		♠	
	지렁아, 지렁아! 집 줄게	♠	♠		♠		♠	
	무럭무럭 자라요!	♠	♠		♠			♠
	지렁아~ 놀자!	♠		♠		♠		
여름	날씨를 알려 드리겠습니다		♠	♠	♠		♠	
	비 오는 날	♠		♠	♠		♠	
	빗물은 어디로 갈까?		♠	♠	♠		♠	
	바람을 막아 주는 숲		♠	♠	♠		♠	
	이산화탄소는 어디로		♠	♠			♠	
	나무, 생물들의 호텔		♠	♠	♠		♠	
	학교숲 먹이그물 게임	♠	♠		♠		♠	
	학교숲에서 도형 찾기		♠		♠	♠		
	학교숲에서 수와 규칙 찾기		♠		♠	♠		
	숲으로 물들이다	♠	♠	♠	♠		♠	
	숲 속의 비밀 찾아내기		♠		♠		♠	
	숲 속 아지트로의 초대	♠	♠		♠		♠	
	학교 ○○○ 지도 그리기		♠	♠	♠		♠	
	학교숲 교환상자	♠	♠	♠	♠		♠	
가을	낙엽은 왜 질까요?		♠		♠		♠	
	단풍잎 손수건 만들기	♠	♠		♠	♠		
	단풍잎 표본 만들기	♠	♠	♠	♠		♠	
	울긋불긋 가을숲	♠	♠	♠	♠		♠	
	알아맞혀 봅시다		♠	♠	♠		♠	
	가을 열매들의 변신	♠	♠		♠		♠	
	솟대를 만들어 봅시다		♠	♠				♠
	학교숲 소리 지도 그리기	♠	♠		♠		♠	
	부엽토 만들기		♠		♠		♠	
	학교숲을 노래하자		♠		♠		♠	
	내가 찍은 학교숲		♠	♠	♠		♠	

4. 교수 학습 방법

계절	목차	관찰	조사	실험	토론	놀이/게임	창작	탐구	협동학습	프로젝트
겨울	우리가 꿈꾸는 학교숲		♠		♠		♠		♠	
	우리 학교숲 캐릭터 만들기						♠			
	우리 학교에 나무가 없다면				♠		♠			
	어젯밤 학교숲에…						♠			
	겨울에도 잎이 푸른 상록수	♠		♠						
	추운 겨울을 이겨 내요!	♠	♠							
	새집 만들기	♠					♠			
	나무의 겨울눈 관찰하기	♠								
	내가 만든 학교숲 우표						♠			
	학교숲 신문 만들기		♠		♠		♠			
	학교숲 안내 책자 만들기						♠			♠
봄	제일 먼저 누가 나올까?	♠	♠	♠			♠			
	숲 속을 걸어요	♠	♠				♠			
	나무는 무엇으로 심을까요?		♠		♠					
	너는 내 친구	♠	♠				♠		♠	
	학교숲의 꿀벌이 되어 보자					♠				
	학교숲에서 무엇을 할까?		♠							
	어라~ 달라졌네!	♠	♠				♠			
	목이 아파요		♠		♠					
	학교숲 잔치를 열어요		♠	♠						
	아낌없이 주는 나무		♠				♠			
	나무가 아파해요!	♠	♠	♠			♠			
	지렁아, 지렁아! 집 줄게	♠	♠	♠						
	무럭무럭 자라요!	♠	♠	♠						
	지렁아~ 놀자!					♠				
여름	날씨를 알려 드리겠습니다	♠	♠				♠			
	비 오는 날	♠					♠			
	빗물은 어디로 갈까?	♠	♠		♠		♠			
	바람을 막아 주는 숲	♠	♠							
	이산화탄소는 어디로		♠		♠					
	나무, 생물들의 호텔	♠					♠			
	학교숲 먹이그물 게임	♠	♠			♠				
	학교숲에서 도형 찾기		♠							
	학교숲에서 수와 규칙 찾기		♠							
	숲으로 물들이다	♠					♠			
	숲 속의 비밀 찾아내기	♠					♠			
	숲 속 아지트로의 초대	♠	♠				♠			
	학교 ○○○ 지도 그리기	♠	♠				♠			
	학교숲 교환상자									♠
가을	낙엽은 왜 질까요?	♠								
	단풍잎 손수건 만들기						♠			
	단풍잎 표본 만들기	♠					♠			
	울긋불긋 가을숲						♠			
	알아맞혀 봅시다	♠		♠			♠			
	가을 열매들의 변신						♠			
	솟대를 만들어 봅시다						♠			
	학교숲 소리 지도 그리기							♠		
	부엽토 만들기	♠		♠						
	학교숲을 노래하자						♠			
	내가 찍은 학교숲						♠			♠

5. 활동 목표

계절	목차	지식	인식	태도	기능	참여
겨울	우리가 꿈꾸는 학교숲	♠	♠		♠	
	우리 학교숲 캐릭터 만들기	♠	♠		♠	
	우리 학교에 나무가 없다면		♠	♠		
	어젯밤 학교숲에…	♠	♠	♠	♠	
	겨울에도 잎이 푸른 상록수	♠	♠		♠	
	추운 겨울을 이겨 내요!	♠	♠		♠	
	새집 만들기	♠	♠		♠	
	나무의 겨울눈 관찰하기	♠	♠		♠	
	내가 만든 학교숲 우표	♠	♠		♠	
	학교숲 신문 만들기	♠	♠		♠	
	학교숲 안내 책자 만들기	♠	♠		♠	
봄	제일 먼저 누가 나올까?	♠	♠	♠	♠	
	숲 속을 걸어요	♠	♠	♠	♠	
	나무는 무엇으로 심을까요?	♠			♠	
	너는 내 친구	♠	♠	♠	♠	
	학교숲의 꿀벌이 되어 보자	♠	♠		♠	
	학교숲에서 무엇을 할까?	♠	♠		♠	
	어라~ 달라졌네!	♠	♠	♠	♠	
	목이 아파요	♠	♠			
	학교숲 잔치를 열어요	♠	♠		♠	
	아낌없이 주는 나무	♠	♠	♠	♠	
	나무가 아파해요!	♠	♠	♠	♠	
	지렁아, 지렁아! 집 줄게	♠	♠		♠	
	무럭무럭 자라요!	♠	♠		♠	
	지렁아~ 놀자!	♠	♠			
여름	날씨를 알려 드리겠습니다	♠	♠		♠	
	비 오는 날	♠	♠			
	빗물은 어디로 갈까?	♠	♠		♠	
	바람을 막아 주는 숲	♠	♠			
	이산화탄소는 어디로	♠	♠		♠	
	나무, 생물들의 호텔	♠	♠		♠	
	학교숲 먹이그물 게임	♠	♠			
	학교숲에서 도형 찾기	♠	♠			
	학교숲에서 수와 규칙 찾기	♠	♠			
	숲으로 물들이다	♠			♠	
	숲 속의 비밀 찾아내기		♠	♠	♠	
	숲 속 아지트로의 초대		♠	♠	♠	
	학교 ㅇㅇㅇ 지도 그리기		♠		♠	
	학교숲 교환상자		♠	♠		♠
가을	낙엽은 왜 질까요?	♠	♠			
	단풍잎 손수건 만들기		♠		♠	
	단풍잎 표본 만들기	♠	♠		♠	
	울긋불긋 가을숲		♠			
	알아맞혀 봅시다	♠	♠			
	가을 열매들의 변신		♠		♠	
	숫대를 만들어 봅시다	♠	♠		♠	
	학교숲 소리 지도 그리기		♠			
	부엽토 만들기	♠	♠		♠	
	학교숲을 노래하자		♠	♠	♠	
	내가 찍은 학교숲		♠		♠